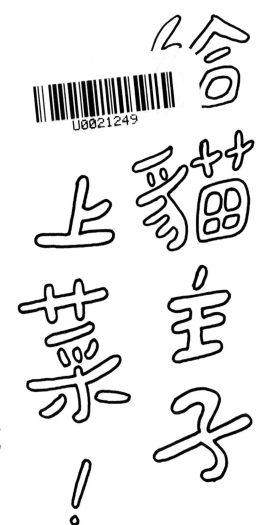

給貓主子上菜！

貓咪飲食專業指南 X 獸醫營養學博士審定 X 主僕共享鮮食食譜
29 道輕鬆煮

RECETTES
POUR MON CHAT
...et moi!

U0021249

薇若妮克‧雅依亞許 VÉRONIQUE AÏACHE、蘿拉‧佐利 LAURA ZUILI｜著

珊卓拉‧馬渝 Sandra Mahut｜攝影　林惠敏｜譯

LaVie⁺麥浩斯

獻給總是為我帶來靈感的 Plume 和 Faustine。

──薇若妮克 V.A.

獻給很與眾不同，也都很討人喜歡的 Minoukette、Prisca 和 Jicky。牠們的圓亮雙眼，不論是在發出懇求，或在飽餐一頓後表達感謝時，都充滿著愛和感激⋯⋯牠們是名副其實的貴族小貓。

──蘿拉 L.Z.

各界資深貓奴與鮮食媽媽們 揪甘心推薦！

（依姓氏筆畫排列）

「愛貓身體好，貓奴必須要持之以恆！保有熱情～」

開始動手做鮮食的貓奴，會經歷主子不賞臉、最後貓奴自己吃的心酸故事～

我們家白吉還是在這個階段（遙望遠方嘆氣……）

愛貓心切的作者，為了預防貓咪糖尿病、腎臟病的發生而撰寫的貓食譜，飼養寵物的人愈來愈多，也因為網路發達，可以從中得知更多餵養貓咪的新觀念，譬如生食、自製鮮食，不再依賴乾飼料。

「是高級的法式料理食譜吧？！」同樣的食材，不但可以給貓主子上菜，貓奴也可以一起食用，只有些許食材及調味上的取捨變化，書中的部份食材似乎不易取得，但可以先找找其它購買方便的食材進行料理，如何自製美味且兼顧健康的貓料理，讓我們花點時間，好好研究一番吧！

....《家有諧星貓 我是白吉》**吉麻**

我當鮮食媽媽已經要五年了，貓咪真的比我難餵很多。當初會改成鮮食，是因為毛小孩的身體狀況不良，確實透過改成鮮食後有具體的改善，但是人生、貓生都一樣，需要大便的一天，腸胃道的健康就是永生永世的課題。

我很喜歡一位貓醫生分享的話：「做鮮食就是一場華麗的冒險」。

因為目前台灣輔助鮮食的相對應知識與機構都少，很多貓奴應該跟我一樣很開心，今年光是上半年，就有三本鮮食書出現，感謝出版社的貓奴跟我們一樣謙卑的努力付出。

本書作者是法國人，用很浪漫、擬人化的方式開篇，化身成為貓，跟大家介紹貓的需求與鮮食注意事項；已經鮮食一陣子的家長可能會覺得不太有趣，但是可以比較一下不同國情的概念也蠻好，而初入門的鮮食家長可以用比較不生硬的方法了解，也是種拉近距離的好方式。

食譜的部分，我想提醒沒看清楚引言就直接翻閱的同好們，食譜前面是寫人版，後面是貓版的，不然我一看到也是罵髒話！沒有啦！是很驚訝啦！但是我覺得這個做法很重要的提醒了一件事情：

「你享受煮飯嗎？」

「你享受煮飯給毛小孩吃嗎？」

「你會很在意浪費食物嗎？」

作者提供一個不錯的想法，把你的食物中的一部分提取出來給毛孩，一天中有一餐就好，我個人建議如果不習慣，假日浪漫一下就好，不要讓鮮食成為你跟他的負擔，應該如同書中一樣，是一種浪漫。

....〈有愛大聲講〉動物溝通師 **春花媽**

給貓咪健康的身體和快樂的心理就是愛貓者的最大幸福。你需要了解更多牠對食物的需求，本書帶給你的不只是愛貓的健康，還讓你從自製料理過程中獲得一種生活享受！

.... 寵物訓練師 **單熙汝**

非常喜歡！如果你對於自製貓咪鮮食一直很有興趣卻不得其門而入，這本書會是很棒的入門工具。

四年來我家紅大詞在我吃飯時從不缺席的痴痴等候，因為這本書的出現，皇天不負苦心貓，他終於擁有了屬於自己的美食料理。

偶爾。

.... 主業貓奴的演員，著有《帶你回家的小路》 **路嘉欣**

能有這本書，真是太棒了，對我這種從小就跟多貓一起生活的貓奴來說，簡直就是能讓我伺候主子功力精進的寶典！

我是不開伙的人，但為了要讓貓主子更健康，多年前我開始學著煮東西給貓們吃，我到處詢問專業人士關於貓主子們到底能吃啥，喜歡吃啥，無奈手藝不佳，主子們全不賞臉……，現在我終於可以翻身啦，哇哈哈。

.... 全方位藝人 **蔡燦得**

致 謝

我展開了一場全新的貓科動物冒險，為我對貓咪的熱情更增添有趣的新素材。

這趟旅程使我置身在滿足貓咪味蕾的聖殿中，我非常樂在其中。牠們當然是這次美味之旅的嚮導，但若沒有我的編輯艾曼紐‧勒瓦羅（Emmanuel Le Valois）的信任，我也無法走完全程。這其中也必須感謝我的朋友，即代理商兼共同作者的蘿拉‧佐利的支持與料理天分；感謝珊卓拉‧馬渝藝術的手法，透過她的鏡頭，愉悅地捕捉到貓科動物營養本身的精神。

感謝伯納馬希‧巴哈貢（Bernard-Marie Paragon）教授為我敞開知識的大門。當然，若沒有獸醫營養學家尚查理‧杜肯（Jean-Charles Duquesne），及其諾曼地公關經理朱利安‧穆洪（Julien Moureaux）寶貴和善意的保證，這本書也無法完成。

衷心感謝這些善良的神仙教母看顧著本著作的誕生。

....薇若妮克‧雅依亞許 VÉRONIQUE AÏACHE

感謝我的共同作者兼朋友薇若妮克‧雅依亞許，她對貓咪的熱情無時無刻支持著我；感謝珊卓拉‧馬渝才華洋溢的眼光，以及艾曼紐‧勒瓦羅和隱士（MARABOUT）出版社整個編輯團隊的信任。

感謝讓我們能夠為貓咪們吃得更好貢獻一份心力，這一切當然也是為了預防不只有人類會罹患的糖尿病和腎臟病的發生……

....蘿拉‧佐利 LAURA ZUILI

contents

前言

尚查理・杜肯（JEAN-CHARLES DUQUESNE）

獸醫營養學博士兼諾曼地協會會長

要了解貓咪並不容易。牠們極其發達的本能、基於領土防禦的舉動、疾馳時強健的體態、嬌小的體型、嚴格的肉食飲食……都令牠們成為有別於人類和人類生活規則的獨特動物。

這樣的差異性，導致人類在面對貓咪時會採取一系列截然不同的舉動和情感。事實上對貓咪不感興趣的人，從不試著跟貓咪溝通。

貓咪和人類的初次邂逅，可追溯至新石器時代的集約農業時期。人類的農業技術日漸純熟，並開始從中獲得令人滿意的產量。人類開始會為了冬季而將其勞動所得的果實儲存起來。這些食物除了人類以外，同樣也受到那些成功進入人們不牢靠的穀倉的小動物們所覬覦，更別提所有名列貓咪最愛菜單的小動物，但貓咪卻對人類儲存的財富不感興趣——某種共生生活就此紮根，貓咪因此成為人類家庭的一份子。

人類發現他們的賓客，並開始跟牠交流。牠的優雅、機靈和力量，讓牠很快就像在埃及和挪威一樣，爬上了神聖的位置。

西方人類與貓咪的故事在中世紀時期繼續展開，當時的基督徒正在對抗異教徒，並以貓咪為標靶。尤其是黑貓！接近綠色或橘色的黃色虹膜與幾乎不透光的深黑色毛皮形成強烈對比。事實上這天生獵人如電般的眼神正是顯示並支持種種誹謗言論的理想目標，有些被誹謗者和反抗者甚至連同他們的貓一起被送上火堆。貓成了玄奧的象徵之一。這整段被崇拜和被鄙視混雜的歷史，在傳至我們耳中時又更增添了不少複雜的情節。現代的大人物們談論貓：政治家、作者、記者或音樂家和貓一起創作、寫散文和裝腔作勢。而最令我感動的，或許是那個性鮮明、舉止幾近滑稽的邱吉爾。德國轟炸倫敦時，他的貓因受到驚嚇而躲進他的辦公室裡。

然而，貓並不具有社交的性格。牠是一種有領域概念的動物。簡而言之，牠沒有領袖，因此沒有服從的問題。若拿貓和狗相比較，這項重要的特性讓牠在寵物王國裡能夠維持牠的本性和獨特性。因此，我們不能說我們不選擇某隻貓，而是牠選擇了你。

除了上述複雜的歷史因素以外，貓的飲食行為非常獨特，這也讓貓與人類之間的關係變得更加複雜。只吃肉的貓咪，打獵就是牠的生活，而這也深植在牠的本性中。因此，最初的共生生活因為共生的利益而變得模糊，人類餵養貓咪成了整個家庭的責任。

屆至二〇一六年年底，法國已有超過一千三百萬隻貓。以貓咪的簡化標準進行快速運算，法國貓口食用的卡路里約有 90% 為工業製造。我作為獸醫營養學家、食譜研發和製造者的工作挑戰與日俱增，工作守則目標很簡單：餵養一隻只是有點叛逆和挑食的肉食性動物。基本上，要討好牠並沒有那麼難，但當牠決定不喜歡或不再喜歡某件事物時，事情就會變得很複雜。再加上前人古希臘醫師希波克拉底（Hippocrate）附加在我們肩上的重擔──他曾說過：「讓你的飲食成為你的第一個醫生」。

因此，我的每日考驗就是構思出一套專屬於貓咪、讓牠們一輩子都能享用的食譜，而且同時還能滿足牠在代謝、味覺方面的需求，並也希望讓你（與貓咪共同生活的人們）感到滿意！

就這樣，當我讀完這兩位作者在此呈現的著作時，我最欣賞的是這名愛貓人士生動地敘述描繪出貓咪的形象，其次，作為懂得享受生活的人——因為我不只是貓咪的營養師，我也會自己在家下廚——我這才發現有人和我一樣做著同樣的事，此書作者在用餐時刻接替了我的角色。我受到強烈刺激的好奇心，讓我在家試做了幾道食譜。結論是：這真的行得通！

尚查理・杜肯博士
Dr Jean-Charles DUQUESNE
Directeur Général Commercial

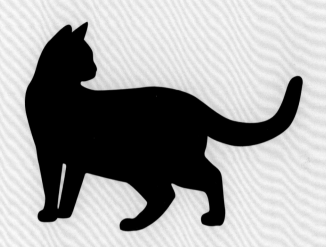

昔日的
肉食性動物

「料理為醫學之僕。」
羅馬劇作家泰倫提烏斯（Térence）

天生的狩獵者

我縱橫於崎嶇荒野中——即使是最微小的地形起伏、溝槽、藏身處和角落，皆瞭若指掌；我豎起耳朵和鬍鬚，窺伺著發出最細微沙沙聲響的地方，那是有生物存在的證據——先確定這披著毛皮、羽毛或鱗片的小動物的位置，接著蹲伏躲藏在距離牠幾公尺之外的草叢後方，以免打草驚蛇；不發出聲響，靜止不動，耐心地等候這隻小動物不知不覺地靠近。待獵物進入我能一躍而上的距離，我便爪子全開，朝獵物飛撲而去。先用前腳將獵物固定，然後迅速從頸後猛力一咬，讓獵物在無痛苦的狀態下死去。接著我會玩弄屍體，只有在肚子餓的時候才會開始進食。當然我會吃下獵物，但不會在殺死獵物的地方：我會躲起來品嚐，以避開可能嫉妒的目光。小睡片刻後又再度開始進行狩獵，即便已經吃飽了，也必須再度開始狩獵。我獨自狩獵，從清晨到黃昏，幾乎片刻都不懈怠——因為必須追捕二十隻獵物，才能成功抓到其中的一半。

而要抓到這一半的獵物必須仰賴肌肉的力量和敏捷、毛髮的光澤、聽覺和視覺的靈敏度。而這些獵物的血和肉提供了我身體的所需——要滿足我的需求就是這麼簡單。頂多在餐點中再加入一點新鮮青草，以免在我清理身體時吞下毛球，並堵塞我的喉嚨。我是肉食性動物，別無其他需求——一旦進入離乳期，我便只以肉類為食。我無論如何都不可能採取其他的飲食法。不同於犬型亞目的族群，我們貓科只有三十顆牙齒，不論我們的體型大小如何。而牙齒的形狀讓我們能夠捉住獵物並加以撕碎。我們的下顎則還沒有靈活到可以前後或左右移動咀嚼。因此我們無法磨碎植物並以植物為食。

我總是攻擊體型比我小的動物，像是嚙齒類動物、鳥類、昆蟲、蜥蜴等，有時也包括魚類。我找到什麼就吃什麼，一天要進食十至十二次。我的胃一次只能消化幾公克的食物。這就是為何我一天有三分之二的時間都花在狩獵上，反覆地追捕是很花時間的。

身心的滋養

我的血管裡流著捕食的基因。我狩獵，就如同我呼吸一般。貓科的天賦形成我一天的節奏，為我提供娛樂，維持我的體重和我的警覺性，刺激我的反射神經、增加我的敏捷度、集中精力。大型的貓科動物只在受到飢餓所折磨時才狩獵。牠們只做最基本的事：捕捉、殺死獵物，然後吃下獵物。至於我，我會為了進食而殺死獵物，但並不僅止於此。在我沒有食慾卻進行狩獵，殺死獵物並沒有吃下牠時，這是為了精進我作為捕食者的天賦。我只是跟隨我的本能而已。和表象不同的是，這是一種不帶殘酷的本能。

「貓抓老鼠」的遊戲是一項學習的工具。這就是為何當離乳的時刻來臨，貓媽媽就會帶著還活著的嚙齒類動物回來給牠的小孩，讓牠們能夠練習狩獵。

這個幼貓的儀式讓我們學習協調肢體動作，好讓我們的動作和獵物同步。經過不斷的練習，幼貓能學會估算牠們未來大餐的力量與弱點。

味道的故事

就像所有的生物一樣，我具備五感：聽覺、視覺、嗅覺、味覺和觸覺。

但不管是在光亮或黑暗中，我的視覺都遠遠不如猞猁[01]或猛禽來得敏銳。我當然看得見，只是我能夠辨識的顏色不多，而且看不清楚遠距離的形狀。在狩獵期間，視覺是一種沒有用的工具，但什麼東西都逃不過我的聽覺，甚至連超音波也是。我的聽覺比人類發達十倍以上，這讓我在追捕獵物時佔了先天上的優勢。

我的嗅覺也是狩獵時的重要王牌。它可以分辨出許多難以置信的味道，也能讓我和我的同類溝通及進食。就是這項嗅覺性能讓我能夠選擇我的食物。我總是先聞味道，然後才開始品嚐，因為我在進食時只相信我的嗅覺。我寧願餓死，也不願吃下我覺得有毒或變質的食物。

但除此之外，這對我來說是件值得慶幸的事！因為我的味覺功能非常有限，而超敏感的嗅覺正補足了那不發達味覺的不足。

我只分辨得出四種味道：酸味、苦味、鹹味和甜味，最後一種味道提不起我的興趣。甜味無法吸引我這件事並不會令我不安，因為我的味蕾幾乎感受不到這種味道。相反地，我真的很討厭苦味，即使食物只帶有微量的苦味，我都能夠辨識得出來。

我非常愛吃酸的東西，即使攝取過量的酸味食物對我的腎臟並沒有益處。最後，我並不喜歡鹹味，除非在我食用的肉中所含的鹽分比例適當。

---

01 一種產於歐洲和西伯利亞森林的中型貓科動物。

習慣問題

在我剛誕生的前八周，我以母乳為生，但我漸漸靠著固態食物斷奶。我還記得當我第一次面臨這個狀況時，為了瞭解是要咀嚼還是吞嚥，我模仿我的母親。如果沒有老鼠，她會為我帶來香蕉，我會品嚐這個水果而不會多問什麼。我天生具備某些能力，並由生育我的母親負責培養這些能力。是她，也只有她會，例如在我有需要時教我怎麼上廁所，並傳授我狩獵的技能。她還會教我辨識我

們能夠食用和必須避開的獵物。她的教導影響了我的生存，而直到今日，我還是不願意吞下不知名的食物，即使我受飢餓所苦。但造就我細緻味蕾的並非任性的傾向，而只是對於我不認識的事物無法信任的態度。

從昨天到今天

我叫做「非洲野貓（Felis Silvestris Lybica）」。我是最早的野生貓種，是千年世系的族長。我的品種演化在第四紀時停止，更確切地說，是在更新世[02]時期停止，也就是一百八十萬年前。當跨越了數百年和許多文明後，我們受到了馴化，並試著和人類一起生活。我的子孫從此在屋子裡繁殖，在柔軟的墊子上睡覺並發出呼嚕聲，吃著他們的主人給他們的東西……但他們的基因、他們的步伐，以及他們內在的本性，都沒有絲毫的變化，和我完全一模一樣。

---

02 亦稱洪積世，地質時代第四紀的早期。

CHAPITRE I

代謝促進機能協調

「吃飯是為了活著，但活著不是為了吃飯。」

莫里哀（Molière）／蘇格拉底（Socrate）

時間和馴養都沒有改變我的代謝需求——即使人類以自己的渴望作為我的需求，以給我一個家當作藉口，餵食我人們認為好的食物。我仍是嚴格的肉食主義者，主要以動物的蛋白質為食，我的活力全仰賴於此。在飲食方面，我的健康取決於四大基本規則：份量、均衡、品質與進食節奏。

1 - 小份量餐點，為我們帶來最大效益

天生的小胃，讓我們飽得快也餓得快。這項特性讓我們無法吃太多，卻需要經常進食。在二十四小時的時間裡，我會進食十二至二十次，每次攝取約五十公克的食物。這當然只是可以變通的平均數。它會依我的年齡、性別、身材，還有我的體能狀況和生活方式而變化。

人類的消化器官佔其總體重約 11%，而貓咪的卻僅佔 2.8 至 3.5%。

在野生狀態下，體型嬌小的獵物和我頻繁的捕捉次數，正與我的消化系統及能量需求相呼應著——意即貓咪每公斤需要 60 至 70 大卡的熱量。如果我五公斤重，為了維持平衡身體所需的能量，每天需要進食 300 至 350 大卡。因此，我並非漫無目的地進食，我會自行調整食量，而我吞下的熱量——一隻老鼠約 30 大卡，會隨著我的體能活動而消耗掉。

而在受馴養的狀態下就不是這麼回事了。家居生活對我來說有許多好處，但同樣也帶來一大不便：鼓勵過食。在我發展出懶散傾向的同時，長時間地不動，已讓我的飲食自我調節功能失效。主人出自善意，而總是細心地將我的碗填滿，這已經證實對我有不利的影響。因為按照野生狀態時的生物習性，我每天要進食 15 次小份量的餐點，但居家日常中的呼嚕、愛撫和睡覺的生活節奏無法讓我消耗掉所有的熱量。結果是？好一點的狀況是變得臃腫，最糟的狀況是——我會生病。

總結：應依照愛貓的體重來計算食物的份量：每公斤所對應的食物攝取量為 40 至 50 公克。

 不可不知：你是否覺得你的貓咪在進食時較偏向狼吞虎嚥，而非細細品嚐？不是這樣的！實際上考量到貓咪用餐的頻率，牠每餐進食的時間通常不超過 2 分鐘。貓咪用餐時間的長短變化，與食物的物理性質較有關連性，而非其味道或氣味。貓消化 2 至 4 公克的乾飼料要花上一分鐘的時間，同樣的時間，可消化的濕食份量則是 4 至 8 公克。

2 – 蛋白質很重要，但並非唯一需求

當我說我是嚴格的肉食主義者時，這並不表示均衡的養分來源完全只仰賴肉食。在野生和流浪的生活狀態下，我只以捕獲的獵物為食，但當我在品嚐牠們時，並不會加以挑選：我吃牠們的肉……以及所有殘渣。因此，我的代謝系統會吃下老鼠或鳥類的器官，也包含牠們全身上下的營養成分。

獵物的油脂為我提供──尤其是成長和免疫系統所需的──脂肪、基本脂肪酸。牠們的骨頭則確保我能攝取到每日必需的礦物鹽量，讓我免受貧血、視力障礙、骨頭脆弱、發育遲緩，以及抵抗力低下等問題所困擾。而牠們的皮，儘管難以消化，但卻滿足我對纖維的需求，而且大家都知道，纖維可促進腸道功能。牠們的肝臟提供了維生素 A 和 D，牠們的腎臟是我微量元素的來源。至於牠們的肌肉，也就是牠們的肉，則提供構成我飲食重要基礎的蛋白質。由於蛋白質佔了我體重的 20%，在我的生物構造中扮演著重要的角色：我的骨頭、肌肉、韌帶、肌腱，我的毛皮、荷爾蒙、抗體、膠原蛋白的製造……它們能夠良好運作都仰賴蛋白質，以及二十幾種構成蛋白質的胺基酸。此外「牛磺酸」，又稱為「β- 胺基酸」，也非常重要，缺乏牛磺酸會引發我的健康問題，例如心力衰竭、失明、不孕、發育等問題……。

牛磺酸的重要性：
大部分的哺乳類動物會以其他的氨基酸來製造牛磺酸，但貓咪的身體所製造的牛磺酸並不足夠。牠們必須透過飲食來滿足這方面的需求，可從肉類、魚類和如扇貝等貝類開始。牛磺酸實際上只存於動物性蛋白質中，故當貓咪食用均衡的自製鮮食，且其中包含足夠的肉食的話，便無須添加額外的牛磺酸。

維生素 A —— 又稱「視黃醇（rétinol）」，有助於生殖周期中產生的蛋白質合成、皮膚細胞和夜間視力的更新。

維生素 D —— 又稱「鈣化醇（calciférol）」，有利於許多器官的運作，例如胰臟、肌肉、皮膚或胎盤。但它特別有助於骨頭吸收磷和鈣。因此，維生素 D 對於小奶貓的發育和老貓的骨骼維持是不可或缺的。

不可不知：脂類提供容易消化和使用的能量——1公克的脂類含有 9 大卡的熱量。小奶貓的能量需求很高。因此，牠需要富含脂質的飲食。

一隻貓每天需要攝取 5 公克的蛋白質，以體重而言，每公斤重需要 20 至 25 公克的肉。

3 - 貓咪的消化問題

若談到優質飲食，首先必談即是，能讓我的消化器官良好吸收的食物——也許不是我們習慣吃的、但卻能引發食慾而易消化的食物。我的身體對營養的吸收取決於這第三條規則：優質的飲食應富含維生素、礦物質和微量元素。再來就是必須要容易消化，讓我的代謝系統能夠善用這些珍貴的有機物質和礦物質。

如同之前所說，我只能分辨四種味道：酸、苦、鹹和甜。由此看來，我的味蕾並沒有這麼難以取悅，但是我的胃卻讓我必須對食物設下嚴苛的標準——我們在將食物吞下前很少會咀嚼，因此食物在抵達我的胃部時幾乎沒有被磨碎。為了讓食物能在胃中轉化為食糜——一種易消化的液態物質，需要某種能夠分解食物分子的蛋白質，讓營養能夠被身體所吸收。這些蛋白質被稱為「消化酶」，有兩種來源：一種來自食物本身，另一種來自消化器官，即食道、腸道、胃、肝臟和胰臟。

當食物的品質優良，並含有足夠的消化酶時，一切都很美好。但當食物經過過度烹調（加熱烹煮會破壞酶），或是食物中的消化酶含量極少，我們又吃到摻雜有羽毛、肉冠、皮和骨頭的工業食品等等諸如這樣的情況時，消化機制就會減緩並變得複雜。若這些食物在胃部停留得比預期時間還長，它們就會茲生細菌，產生氣體並引發腹瀉。為了解決這樣的問題，肝臟和胰臟就會進入過度運轉的模式。結果是這些器官提早衰竭，並開啟一條通往各種不同疾病的道路。

貓沒有「澱粉酶」

在這奇怪名稱的背後，隱藏著由唾液腺分泌的「消化酶」。它主要的作用在於促進澱粉和慢糖[03]的消化。天生獨特的貓咪，其唾液腺所分泌的唾液完全不具備澱粉酶。在野生的生活型態中，這項不足可由其他的消化酶來彌補——透過生肉所含的成分來補充。

氧化＝毒

飲食中所含的油脂會隨著溫度、空氣和光線而變化。必需脂肪酸和維生素在接觸到上述因子時就會氧化，食物因而產生油耗味。若貓咪吃下氧化的脂質，便會增加其糖尿病的風險。此外，當周圍空氣所含的水分被食物所吸收，也會促進有毒霉菌的生長。

當心澱粉

澱粉必須要煮至非常熟，才能被貓咪所消化。若消化不完全，澱粉會在大腸內發酵，引發腹瀉。同樣地，如果貓咪吃下過多的澱粉，超出其消化酶的能力，也會引發相同後果。除了在乾飼料中含有的穀物類澱粉，可讓乾飼料形成蜂窩狀結構——因此較為清爽，在此之外，澱粉只能作為貓咪額外的能量供應來源。

4 – 有節奏的進食

節奏決定一切……，貓咪飲食均衡的第四條，也是最後一條規則：我們進食的次數。之前曾提到，在野生狀態中，我有三分之二的時間都用於狩獵上。我追捕 20 至 30 隻獵物，就為了捕獲其中約一半的獵物，因此能夠食用十幾次的小份量餐點，以滿足我的胃與每日所需。只不過現今在地球上貓咪同伴裡，有四億隻貓咪是和人類生活在一起。全世界有四億隻「寵物」貓，不是以牠們在大自然中費盡心思捕捉的老鼠和小鳥為生。

然而，這種因馴養而建立的生活方式並沒有改變我們的營養生理時鐘。不論是在小公寓還是大房子裡，不論飼主提出的飲食型態為何，我們的身體都以同樣的節奏運作著。乾飼料、肉罐頭，還是自製鮮食？不論是哪一種，背負著本能的我通常知道自己的需求量，也就是能夠維持我適當體重的份量。而依照我的身體狀況調整飲食，則是我主人的責任。實際上，即使吃下的份量不變，我需要的卡路里量還是會依我的體質而有所不同。不管是嬌小或 XL 體型、正值壯年或老年、已結紮、室內或戶外貓、處於妊娠期或哺乳期……我都仍然如先天所設計的，每餐都吃不多，但必須經常進食。

例如，當你們的醫師用解剖刀一刀中止我的生殖能力時，我不只是喪失生殖系統而已，我也失去了我熱量需求的先天感受，只要我喜歡，我還是繼續每日進食 12 次。就像王爾德（Oscar Wilde）曾說過的：拒絕誘惑的唯一方式，就是向它臣服？永遠填滿乾飼料的碗正呼應了這句格言。若人們隨心所欲地留下食物給我，我也隨心所欲地食用，邏輯上我就會變胖。實際上，當我吃下超出我的代謝系統所能消耗的熱量，就會因而囤積脂肪。

---

03 指加工程度低，不容易引起血糖升高，且消化吸收速度較慢的糖分。

顯然理想上是不要強迫改變我的飲食習慣。因此我可以繼續跟隨我原本的節奏，而這也符合我的需求，事實上也能維持我的理想體重和健康狀態。但馴養的狀況則不同。人類有自己的生活節奏，而我必須要配合他們。儘管他們給我們滿滿的愛，但我們也受到他們日常作息的限制，主人無法一天提供我們 12 至 15 次的小份量餐點！因此他們以工業製造的食物作為折衷方案──倒進碗裡的乾飼料不會一下就腐敗。通常一天會倒兩次，一次是早上出門上班前，一次是在晚上下班返家時，他的任務就到此結束，管理用餐次數的責任在我們自己身上。對我們來說，各種罐裝和袋裝的肉能夠完美結合美味和營養均衡。每當它們出現在我們的餐點中時，總是能帶給我們無比的欣喜──結果是我隨心所欲而吃，導致代謝失衡。

貓有 1 至 2% 的時間都在關注「吃」這件事。牠的飲食可以是一餐的形式，也就是受到控管，也可以是自助的方式。不論選擇哪一種飲食方式，遵照規律的節奏和飲食習慣都是有幫助的。

自助貓糧

當然，在餐碗一空就立刻補滿是餵養貓咪最實際的方法。但前提是貓咪不會養成暴食的傾向，而且牠懂得管理自己的飲食節奏。值得留意的是，貓糧的品質越差——意即缺乏蛋白質——貓咪就越不容易飽足。因此，牠會更常感到饑餓，吃下超乎牠需求的食物，因而發胖。

 ## 「混合餵食」法

「混合餵食」法在於每天輪流餵食你的貓咪兩種不同的食物。每天早上供應半份自製或工業罐裝餐點，別忘了將尚未餵食的部分冷藏保存。而白天其餘的時間就讓貓咪自行取用乾飼料，但份量要有所限制。在這種情況下，最好有一台餵食器。如此一來，貓咪可以從試圖從機器中挖出乾飼料來得到娛樂，同時又能避免在白天進食過多的乾飼料，好將胃口留至晚上享用供應給牠們的第二次濕食（早上冷藏所留下的部分）。

CHAPITRE II

生命周期

「給你的身體適宜的飲食。」

畢達哥拉斯（Pythagore）

你可以想像餵食剛出生的嬰兒「紅酒燉牛肉（boeuf bourguignon）」嗎？在他成長為孩童時，你會剝奪他下午的點心時間嗎？你認為只給競賽的運動員飲用牛乳是合理的嗎？對於孕婦、活動量少和體重過重的人，你會給予同樣的餐點份量嗎？在回答這些問題時，一般常識必然會將答案導向關於「營養攝取量」的相同結論。就和你們人類一樣，貓咪們的飲食需求——也就是我們每日的能量需求——會依我們的年齡、性別、體型、生活方式及健康狀態而有所不同。

小奶貓長大

當我還在媽媽的肚子裡，大約是她懷孕第五十天時，我就已經發展出吸奶的反射動作。即便我只有在誕生到這世上時，才能付諸實行，我還是很早就有以她的乳汁為食的生理程式設定。另一方面，我在胎兒時期的味蕾就已能夠感受到媽媽羊水的味道，而這會依她吃下的食物而變化。例如，如果我的母親習慣吃香蕉——一種我們身為肉食性動物完全不習慣的食物，我在將來也有很大的機會會愛上吃香蕉。

我一出生就會本能地往母親的胸部靠近，而且在我剛出生的頭兩天，每兩個小時就要喝一次奶。為了回應我小胃的需求——以及我心理的成長，因為我有時會單純為了好玩而吸奶，不會把乳汁吞下去——我的母親不會離開我身邊。但這段受恩寵的時刻並不會持續太長。我剛誕生的前十五天有 10% 的時間都在吸奶，到了第三個星期，我一天中有 60% 的時間都奉獻於此。在正常狀態下，不論公母，我的發育都需要最大量的熱量。即每隻貓咪以其體重計算，每

一公斤每日需要 250 大卡的熱量。這時我的發育非常快速，我的體重會增加 400%。

這時對我來說不可或缺的蛋白質、鈣和磷都來自母乳。我的母親會窮盡她的存量──先從她的鈣開始，就為了確保我的需求。

在我四週大時，我不再每四小時進食一次。這樣的節奏宣告著離乳期的來臨，我開始以我最早的固體飲食和乳汁交替進食。一切都是從這樣的飲食節奏開始的。

 ## 預防勝於治療

必須從最幼年的時期便開始有效地預防肥胖。發育中小奶貓的過食會導致脂肪細胞數量的增加，引發成年時肥胖的風險。

我飲食習慣的重要部分是在我離乳期結束前開始，即我六至八週大時。這時我母親的存在扮演著很重要的角色，因為她是我的典範。實際上我會模仿她行為的所有細節：我偏好食用相同的食物、用相同的盤子，並在她食用的同一位置進食。就是這段過渡時期描繪出我未來的飲食習慣。只要我母親在我身邊，我就會心甘情願地吃下所有出現在我面前的食物，不論是乾食還是濕食。我並不反對測試不同口感或味道的想法，因為我正在學習中。即使我的飲食教育可持續至我三個月大，但過了這個時期後，我的主人便很難建立我的飲食模式。

飼養建議

在領養後的前幾週裡，建議配給小奶貓在接受飼養時同樣的飲食，以
利適應家中環境。

在我八週大時，和母親分離的時刻來臨，這也代表我對熱量的需求開始減少。
我原本是每天每公斤需要 250 大卡的熱量，在十週時降至 160 大卡，在十四
週時降至 140 大卡，在二十四週時降至 120 大卡，並在三十週時降至 100 大卡。
在我一歲前還無法自行調節飲食節奏的情況下，若想要我維持適當的體重，最
好避免自助式的飲食方式。在這個年紀，我不需要每公斤每日 80 大卡的熱量。
理想上是每日餵食我五次，而且情況許可的話，可餵食我有助於發育的特定飲
食。這些飲食涵蓋了我代謝系統的能量需求，但卻是 100% 自製飲食法所難以
仿效的。

**發育期奶貓的飲食必須依體重比例分配份量，餵食至 12 個月大。小奶貓接
下來可被視為成貓，並進入維持的飲食期。**

能量需求大於成貓

脂類：小奶貓需要富含油脂的飲食，因為這佔其總能量攝取量的 10%。

醣類：醣類對小奶貓來說並非不可或缺，因為其身體會以蛋白質自行合成。但牠的飲食還是必須含有少量的醣類，因為醣類可確保小奶貓攝取到所需的纖維量，以促進消化道的良好運作。

礦物質：為避免缺乏鈣和磷（骨骼礦化所必需），飲食中必須提供 2 至 2.5 比例的鈣／磷。

牛磺酸：牠對牛磺酸的需求提高至每公斤每日 0.5 公克。

維生素：必須補充維生素，因為小奶貓的身體無法在需要時合成維生素（維生素 A 和 D）。可在飲食裡添加維生素 E，協助小奶貓培養出天然的防禦力。

發育良好的成貓

我就這樣長大了，準備好以健壯的牙齒享受我的貓生！我的生命也視我碗中的內容物而定。若為了維持我的良好健康而定量，品質——因此也包括熱量的攝取，特別需要依我的活動、我的身材，以及我生活的環境而有所變化。

實際上，環境溫度會影響我的熱量需求，因為我對熱的自我調節系統取決於此。在低於或等於 0°C的溫度下，我的熱量需求會比在室溫下增加 1.5 倍。這意味著如果我常待在戶外，我會比待在家裡不動的狀態更需要攝取大量的熱量。

因此，除了依我們的營養需求進行分配外，要建立我們全貓通用的飲食規則是不可能的。假使身為幼貓的我為了發育有非常特殊份量的需求，在我成為成貓時，我的需求還是會依據我的生活條件而改變。

我是絕育貓

據說結紮母貓可以活得比未結紮的母貓更久。實際上這種外科手術可減少母貓罹患生殖器相關疾病的風險。無論如何，公貓的絕育就和母貓一樣，不會改變其歡樂度或活力，但卻徹底修正了其代謝和燃燒熱量的能力。牠們的能量需求減少 20 至 25%；但牠們的食慾也因而增加。如果在每日餵食的份量外再加上額外的飲食量或零食，這可能會導致體重大幅增加。主人的職責就是避免過度餵食和吃到飽的狀況發生。至於雄性家貓，牠們比過去更需要體能運動，每天陪牠們玩幾分鐘將有助牠們消耗熱量。

我是妊娠母貓

懷孕期約持續六十三天。即使母貓在初期體重略為增加，她主要會在最後三週大幅發胖，同時她肚子裡的小貓也在成長。為了供給胎兒和母親的所需，飲食量必須每週增加10%。妊娠末期，飲食量必須比平常的份量增加 20 至 30%。蛋白質、脂質、維生素和牛磺酸的攝取量也必須增加兩倍。菜單的選擇包括魚、肉或特定的工業食品包，並以自助式的乾飼料為輔。

妊娠末期，母貓的食慾會減退。這時最好一天提供兩次的熱量配給。

我是哺乳母貓

在分娩的同時開始漲奶，並在整個哺乳期持續增加。在這段期間，母貓會分泌將近其兩倍體重的乳汁。這意味著**牠的能量攝取需求將高於平常的 3 倍**。這時必須讓牠隨心所欲地進食，但特別要提供富含鈣質和優質蛋白質的食物。

我是放養貓

可以進入廣大空間，能夠外出的貓。牠們的探險可以延伸至數公頃，而且持續幾天都不回家。牠在外面度過的時間讓牠絲毫沒有游手好閒的空間。受到捕食者的本能所支配，狩獵佔據了牠絕大多數的時間。自由地忙於貓科動物的消遣，牠獵捕、打架、交配……因此消耗大量的體力。牠越是活躍，牠的營養需求越是增加，而牠所捕獲的獵物並無法滿足牠所有的需求。牠的飲食必須以增加熱量和脂質為主。這就是為何當牠回家時，很重要的是在家中為牠留下自助式的乾飼料。由於這些飼料沒有乾掉的問題，在牠決定回家吃點點心，而主人不在時，這些飼料可以留著任牠自行取用。**也建議為牠提供自製鮮食**，但前提是要等小貓咪回家後再提供給牠享用。冬季時，鮮食的份量可增加10%。

 ## 我是室內貓

當然，待在室內的貓所消耗的熱量不如在戶外生活的貓。牠的時間都用在睡覺、吃東西、幫自己理毛，可能還會玩耍（如果有機會的話）。不同於牠原本的天性，牠的不活動會增加體重大幅上升的風險。**因此，牠的飲食不應含有太多的脂質。**

我是老貓

貓科動物醫學的進步大大提升了家貓的平均壽命。實際上目前我們的家貓平均可活到十四歲，而且自九歲開始便被視為老貓。其正面的意義是我們可以享受牠們陪伴的時間更長了，但牠們的壽命拉長也導致其代謝系統老化和活力衰退等結果。因此，牠們的能量需求平均減少20%。很重要的是，務必不要讓牠們過度飲食，以免體重增加。過重可能會造成與年齡相關的疾病增加，例如關節炎和心臟衰竭。

在老貓的餐碗中，**蛋白質**仍是必要的，只是必須適量。蛋白質會被腎臟所排除，一再餵食過多的份量會讓老貓這特別敏感的器官變得更加脆弱。因此，為了其腎臟的健康，最好提供身體接受度高、較容易吸收的優質的蛋白質[04]。

至於**脂質**則必須加以限制，因為脂質的食用會增加我們鬍子長者肥胖的風險。而在皮膚的健康與毛皮的保養方面，我們需要 Omega-3 和 Omega-6。眾所周知的必需脂肪酸也有益於關節、視覺和免疫系統。

老貓對碳水化合物的需求仍然和年輕時一樣。也就是需求量極低。所謂的快糖[05]必須受到禁止，因為老貓經常罹患第二型糖尿病。

---

04 即指耐受性高的蛋白質，「耐受性」指身體對飲食或藥物的適應能力。

05 加工程度較高，較精緻，容易造成血糖升高的糖分。

維生素方面，先從維生素 E 及其抗氧化的效果開始，後者也很重要。後者或許比前者還要重要，因為考量到年紀，代謝系統較無法良好地吸收這些營養素。

老貓就和成貓一樣，碗裡都少不了**礦物質**。尤其是在以自製料理餵養的待遇下。因此，別忘在了牠的餐點裡添加維生素和礦物質。但也要當心不要過量。過多的鈣、磷或鎂可能會導致尿結石。

CHAPITRE 3

危險提醒

> 「一個人的食物可能是另一人的毒藥。」

中世紀瑞士醫師兼煉金術士 帕拉塞爾蘇斯（Paracelse）

人類對我們的愛，讓他們盡情發揮自己分享的慾望。考慮周到的人類，從他們的床到他們的餐桌，他們從不拒絕我們進入他們的各個領域中。而我們在人類家中大多都是作為統治的主人角色，只是沒有明說而已。由於人類不知道要怎麼做才能滿足我們，他們往往會將自己的快樂和我們的快樂相混淆，以為對他們好的也對我們有益。

這樣的混淆無疑來自他們對我們飲食需求的不了解，以及他們想讓我們什麼都品嚐的有害傾向。但我們的代謝系統和人類的構造不同，而且可能取悅我們味蕾的食物，可能也會毒害我們的身體。

蛋白質

– 蝦子

貓酷愛這種富含蛋白質，但熱量卻很低的甲殼類。但為何要禁止牠們從我們的餐盤中取走未去殼的蝦子呢？答案是：市售的鹽水蝦，其蝦殼可能含有苯甲酸，這是一種人體可以承受的化學防腐劑，但對貓來說卻是有毒的。因此，請去殼。

– 罐裝鮪魚

偶爾讓貓咪享受少許的水煮或油漬鮪魚碎屑，對牠的健康來說仍屬無害。反之，過度食用罐裝或含鹽鮪魚則可能會導致膀胱炎或心臟問題。此外，鮪魚含有大量的多元不飽和脂肪，貓咪很難代謝掉。最後，鮪魚也缺乏讓貓咪的視網膜、心臟、神經及免疫系統運作所不可或缺的牛磺酸和胺基酸。

– 生蛋

新鮮的蛋從手中滑落，在地上裂開。在蛋破掉的同時，被貪吃的貓咪舔食，對貓咪來說，這完整的蛋白質來源及其 13 種維生素和礦物質的成分並不像它看起來這麼有益，因為生蛋白含有一種物質——稱為「抗胰蛋白酶因子」——會抑制消化，而且減少蛋白質的合成，但這種物質經烹煮就能去除。

－ 牛乳

不能因為貓咪愛喝就給牠喝牛乳！實際上，從牠八週大——離乳期——開始，牠的消化系統已不再製造乳糖酶（這種酶有助於消化牛乳中含有的乳糖）。貓咪吃下這乳糖後卻無法吸收，將導致嚴重的腸道問題。

蔬菜、水果和澱粉食物

－ 菠菜

禁止！這種蔬菜會導致貓咪形成腎結石。或更確切地說，是它所含的物質：草酸。這種作為防銹劑或紡織工業漂白劑的有機酸讓人類合成鈣。相反地，目前已證實它對貓咪有害，即便只有微量攝取。因此，應避免所有含有草酸的食物：酸模（oseille）、大黃和茄子。至於四季豆，只要遵照份量，可以零星點綴的方式食用，但在有腎臟問題的情況下則不建議食用。

－ 包心菜和蕪菁

在胃裡發酵的包心菜和蕪菁已知絕對會引發脹氣。在貓身上，其影響會倍增，而且會增加嚴重腹瀉的風險。這些美味的十字花科蔬菜確實幾乎不含熱量且富含維生素，但卻含有纖維素——這種醣類是其果肉堅硬的原因，但它也會引發胃腸道氣體和消化的問題。

– 馬鈴薯

生的馬鈴薯含有草酸鈣。這無法溶解的離子結晶會損壞動物的泌尿器官,而且可能引發腎結石。相反地,這塊莖植物經煮熟後就會成為自製鮮食中有益的飲食成分,因為它含有豐富的營養。

– 酪梨

儘管酪梨多油脂且味美的果肉可為各式各樣的沙拉增色,但它對我們的四腳同伴來說卻是一種有毒食物——而且在某些情況下還會致死。這種水果的果核和葉子都存有「帕爾森(persine)」,這是一種對人類無害的脂肪酸衍生物,但對貓咪來說卻很危險,因為會損害牠們的心肺。從貓咪的角度來看,酪梨果肉的油脂可能會引發腹瀉和嘔吐,甚至是胰臟炎和不可逆的心血管問題。

– 帶籽和帶核水果

關於對貓咪的致毒性,帶籽和帶核水果是榜首。葡萄、杏桃、洋梨、櫻桃……不論是做為果乾或新鮮現吃、生或熟、單獨吃或混入其他材料中,都含有帶毒性的物質。因此,食用這些水果可能會導致急性腎衰竭、上吐下瀉、心動過速,更嚴重的情況甚至會導致昏迷。

香料

－ 大蒜、洋蔥和細香蔥（ciboulette）

不要任由貓咪舔食湯碗或嬰兒食品，也嚴禁餵食貓咪洋蔥塔，或以大蒜和細香蔥調味的乳酪碎屑，因為這三種食材只要攝取少許就會引發劇毒。由於貓的血紅蛋白特別容易氧化，牠們對於百合科植物的攝取較為敏感。這些植物實際上含有硫的衍生物，會引發紅血球爆裂和貧血。

甜食

－ 巧克力

這項甜食的可可含量越高，對貓咪來說就越危險。實際上在巧克力的原料中含有可可鹼，一種人類可以完全吸收的分子，但對他最愛的同伴來說卻並非如此，貓必須花費將近 20 小時才能將它排除。在反覆攝取的情況下，可可鹼的量會累積在肝臟中，使貓咪中毒。此外，可可亦含有甲基黃嘌呤（méthylxanthines）：咖啡因和茶鹼。這些生物鹼會損害其神經和心肺系統。

－ 點心和糖果

絕對不行和牠們分享我們食用的一包包糖果、爆米花或洋芋片！相反地，我們當然可以為牠們自製點心或購買各式各樣現成的零食。

除垢、抗壓、富含維生素和微量元素⋯⋯現在市面上有越來越多貓咪專用的零食，上面的標籤吹噓著其營養和娛樂上的功效。要使用這些零食當然沒問題，但要注意不要濫用。它們令人難以抗拒的味道可能會讓貓咪上癮。經常作為獎勵給予的點心不應佔超過總熱量供給的 10%。

飲 品

─ 酒精

儘管貓咪只會在意外情況下攝入酒精，但我們的小型貓科動物在吃下含有酵母的生備料（麵包、蛋糕、披薩等麵糊）時就會中毒。這種用來讓質地膨脹的材料其實是一種名為麵包酵母（Saccharomyces cerevisiae）的真菌類，在發酵時會產生酒精，對貓科動物的身體會造成的結果是：昏睡、體溫過低、呼吸困難，並在消化器官中產生過多的氣體。

─ 咖啡

即使你的貓想喝，也別讓牠啜飲這種熱飲。咖啡中所含的咖啡因──和茶鹼結構相同的分子會對其心臟和神經系統構成危險。只要少量的咖啡或茶，就會引發如腹瀉、嘔吐、發燒或顫抖等細微的症狀。

CHAPITRE 4

自製鮮食的致勝關鍵

「我們可以將胸有成竹的想法明確地表達
出來。如同美味食物容易被消化。」

法國劇作家 喬治•庫特琳（Georges Courteline）

一萬年前，人類容許我們進入他們的日常生活，因為我們會獵捕侵佔他們收成的老鼠和蛇。今日，他們將我們視為家中的一份子。在這段時間裡究竟發生了什麼事，讓我們聚集在同一個空間的關係變得如此多彩多姿？

我們的不服從、我們的節制、我們的歡快、我們的優雅和我們的溫柔，無疑受到許多人的喜愛。我們的存在令他們感到平靜，而這令他們感動。這大概是我們勝過其他馴養動物的原因，因為我們是世上最普遍的四腳寵物。為了回報我們對他們的恩惠，他們已經準備好要竭盡所能地滿足我們。他們甚至經常忘了我們是動物。他們當中有多少人會對我們說話、向我們吐露他們的祕密，彷彿我們能夠了解他們一樣？他們當中有多少人會在我們生日時送我們禮物，彷彿我們會懂得感激他們？他們當中有多少人讓我們睡他們的床、買衣服給我們，或是在他們外出工作時留下一盞燈，讓我們不會覺得孤單？統計顯示，將近有90%的人會這麼做。他們從如此寵溺我們的行為當中獲得的樂趣，當然不會對我們造成什麼負面影響。

但若涉及飲食，他們將我們擬人化的善意行為卻觸碰到我們的底線。當然，他們是出於好意才把他們剩下的巧克力蛋糕或酸模鮭魚排留給我們，但這些菜肴就和廉價的工業食品一樣，會毒害我們的健康。不論是乾食還是濕食，無法回應我們營養需求的食物就會擾亂我們的代謝系統，最終會使我們生病。因此，我們飲食的選擇非常重要。

伯納馬希・巴哈貢教授匯整了兩大關於動物營養的疑問：

飲食不當會導致哪些疾病？

被飼主過度餵食的貓咪會發胖。根據我們在阿爾夫國立獸立學院（l'École nationale vétérinaire d'Alfort）進行的調查顯示，將近 40% 的貓都過胖，而長期的肥胖往往會引發糖尿病。四十年前，這樣的疾病幾乎不存在於貓身上。今日，每五隻貓就有一隻貓患有糖尿病。而另一項飲食不當的結果是：腎臟病。貓咪的泌尿道感染和腎結石是缺乏礦物質和飲水量不足的結果。礦物質會影響尿酸，當尿酸過多或不足時，囤積在尿道裡的礦物質便會引發尿道堵塞的風險。

自製鮮食勝過工業飲食？

我們在阿爾夫國立獸立學院進行的另一項調查顯示，有 95% 的貓食用工業食品，而當中只吃工業食品不到 50%。另一部分的貓也有權利食用自製鮮食，而這項作法是會帶來好處的，但前提是要遵照貓的飲食需求。優質的乾飼料和罐頭含有各種貓咪所需要和適合的營養，這是工業食品不得不接受的挑戰，因為它們必須保證在每一份餐點中可以找到完整的胺基酸，以及不可或缺的維生素和礦物質。若我們選擇以自製鮮食來補充營養，則必須尋求獸醫的建議，以確保這些肉、魚或其他飲食的攝取量不會使整體的營養失衡。

* 本書提出的所有食譜均符合貓咪的營養需求，而且已經過獸醫營養學家的檢驗和認可。若你的貓出現疾病的症狀，請諮詢你的獸醫。

妥善分配我的餐盤

你們已經了解：餐點的適當安排可以避免疾病的威脅。當然，一方面主人已經相信自製料理的好處，另一方面，也有人受到為我們料理的概念所吸引，但卻擔心會耗費金錢和時間。在這兩者之間，還是有人別無選擇，拒絕以工業的新食品來建立我們的健康狀態。不論採用自製鮮食的理由為何，絕對要記得裡面應含有至少 5 種材料——即 40 種營養，才能盡可能滿足我們的營養需求：

- 動物性蛋白質，生食或熟食

- 菜籽油或大豆油之類的必需脂肪酸，生食

- 纖維來源：煮熟的蔬菜

- 米、麵或馬鈴薯之類的醣類供應，熟食

- 礦物質和維生素的補充

貓咪和我的料理總長

– 緩慢但堅定的改變

貓咪吃了一輩子的乾飼料和罐頭，決心要改變牠們的飲食方式並非一朝一夕的事。主人必須根據愛貓討厭和喜歡新事物的傾向來調整目標。實際上，對於明顯抗拒變化的貓來說，必須以漸進式的方式引進自製飲食。部分獸醫主張可在乾飼料中加入幾小塊櫛瓜，讓貓咪熟悉新的食材。

貪食之罪

請記住，採用新的飲食法後，飲食的改變可能會伴隨著暫時的過食。在第一個月裡，貓咪可能會吃到 100 大卡／公斤。接著影響就會消失，兩個月後，食用量就會固定在 60 大卡／公斤左右。因此，在更換貓咪的飲食後，主人應測量貓咪的食用量以控制熱量的適當攝取。

– 為牠變換花樣

任由你的貓咪自行食用乾飼料的時代已經過去了。每天餵食牠一至兩次罐裝或袋裝肉醬，再搭配乾飼料的時代也已經過去了。你決定要為牠烹調，然而這高貴的情操卻和事實有所衝突：每天為牠提供 2 至 3 次的自製鮮食根本是不可能的任務。自製飲食變質得很快，而且你也不打算在廚房裡過度過餘生。因此，好的折衷方案是用一份你精心製作的小餐點來取代牠工業食品的部分。

– 二合一的藝術

魚、肉、蔬菜、水果、澱粉食物……總之，在為你貓咪的健康而努力時，可能取悅牠們味蕾的材料，就和每天你為自己料理使用的食材一樣。因此，為牠們準備優質的小餐點這件事瞬間變得沒那麼乏味了！只要從你的家庭食譜中提取少量的食材，然後以略為不同的方式為你的貓咪精心烹調即可。

菜單上的材料

蛋白質

我們知道，動物性蛋白質構成貓咪飲食的重要基礎。它們確實是基礎，但卻並非唯一的食物。不論在任何情況下，動物性蛋白質都不能成為唯一的食材，因為它無法涵蓋維持貓咪代謝系統均衡所不可或缺的所有營養素。它只能佔自製鮮食中所有組成材料約略超過一半的比例。

不論是來自肉類還是魚類的蛋白質，其所含的脂肪率都不盡相同：

– 極精益蛋白質（脂質含量 1 至 3%）

去皮火雞肉片或腿肉、雞胸肉、鮪魚、青鱈、歐洲黃蓋鰈（limande）、歐洲無鬚鱈（merlu）、蝦子、鮮鱈（cabillaud）、綠青鱈（colin）、黑線鱈（églefin）、鯖魚、槍烏賊、馬肉、砂囊（胗）。

– 精益蛋白質（脂質含量 5%）

牛、馬、鴨、豬里脊、小牛肉片、旗魚、沙丁魚、鱒魚。

– 高脂蛋白質（脂質含量 15%）

小羔羊腿肉和肩肉、牛舌、豬排、鮭魚、鴨肉。

生食還是熟食？

肉或魚都未必要經過烹煮，但先決條件是材料必須新鮮，而且貓咪喜歡生吃，只有蛋白絕對要煮熟。此外，也為了營養的考量，蛋白質來源最好不要過度烹煮，以免讓食物變得較難消化，並破壞了重要的營養素，例如牛磺酸。

最好用不沾平底鍋煎肉，或是在烹煮米飯或麵的鍋中，待主食快煮好時放入肉類一同燙煮 1 分鐘。

另一種選擇：優格

不同於貓咪因乳糖而無法消化的牛乳，貓咪可食用優格，因為乳糖已被乳酸酵素所取代。因而可在多個食譜中混入優格。優格：安全，白乳酪：出局，因為後者仍含有豐富的乳糖。

蔬菜

胡蘿蔔、蘆筍、四季豆、南瓜、青花椰菜、櫛瓜、西洋南瓜、茄子、苦苣（endive）、蘑菇、花椰菜、番茄……健康的貓咪可食用大多數的蔬菜，但前提是必須要先煮過以方便消化。從營養學的角度來看，蔬菜所含的纖維可刺激食物的輸送，改善消化道的健康和腸道內的菌種生態。

然而，須注意的是，若貓咪出現疾病的症狀，某些蔬菜便必須加以限制：

– 甜菜：富含糖分，有糖尿病的貓應避免攝取。

– 酸模（oseille）和菠菜：含有大量的草酸，不應餵食受泌尿問題所苦的貓咪。

– 如扁豆、紅／白豆等豆科植物熱量很高，因此不建議餵食過重的貓咪，而且它含有大量可能會發酵的纖維。即使煮熟，還是可能引發腹瀉或產生氣體。

– 韭蔥很難消化，請避免餵食奶貓。

 各種貓咪適合的蔬菜攝取量

– 成貓：體重每公斤 10 至 20 公克。

– 發育中的小奶貓、妊娠期或哺乳期的母貓，以及生病中的貓：體重每公斤 5 至 10 公克。

油

它們為食物提供的味道並非它們唯一的王牌。實際上，油——更確切地說是油脂——有助於滿足雄貓的能量需求。油所含的必需脂肪酸是每日自製鮮食所不可或缺的成分。例如對四公斤的成貓來說，每日建議用量為 2.5 至 5 毫升的油。對於過胖或可能即將過胖的貓，份量則要減少許多。

– 橄欖油

即使貓咪喜歡它的味道，也不反對偶而品嚐它的果肉，但橄欖油對牠們來說毫無營養價值。由 100% 的脂質所構成，所含的主要成分為油酸 —— 即 Omega-9，身體原本就會製造，因此並非不可或缺的外部攝取。此外，橄欖油幾乎不含貓咪必不可少的必需脂肪酸：Omega-3 和 Omega-6。

– 菜籽油

在為小貓咪準備小份量餐點時的油界明星！不會很油膩，但又富含 Omega-3 和 Omega-6，是自製鮮食的最佳盟友。唯一的不便之處是經不起烹煮：熱會破壞它的必需脂肪酸。

穀物和澱粉食物

這源自植物的所謂單醣家族和貓咪無法消化的澱粉有所不同。貓需要攝取醣類，因為醣類在牠們的飲食中扮演著燃料的角色。米、麵、布格麥（boulgour）、大麥、玉米、小麥粉……亦含有纖維，食用有益，尤其是在治療某些消化問題（便祕／腹瀉）的背景下。煮熟後可將它們瀝乾，但沒有必要沖洗。煮米的水就和煮麵的水一樣，含有少許的熟澱粉。

維生素和礦物質的補充

均衡的自製鮮食必須富含飲食的營養補給。和含有 40 種貓咪代謝系統必需營養素的工業食品不同，自製菜肴只提供其中的一半。如果我們不補充從寵物店或獸醫購買的綜合維生素、礦物質和微量元素，我們會導致牠們缺乏營養，並增加疾病的風險。另外要注意的是，不要所有的貓都使用同樣的飲食補給，應視需求，也就是整體的健康狀況來調整補充的飲食。

不論是作為貓咪獨特的飲食方式，還是只用來取代其中一餐，自製鮮食都必須具備完整的營養。那現在就到廚房就位吧！

注意：為你貓咪所提供的食譜符合一份 90 至 100 公克的餐點，可分為兩次食用。

寵愛自己

鮮嫩胡蘿蔔豌豆雞肉凍

4 人份 準備時間：**10 分鐘** 冷藏時間：**至少 2 小時** 烹調時間：**5 分鐘**

材料

熟雞胸肉薄片 250 公克
（取 50 公克作為貓咪餐）

肉湯或雞高湯凍

洋菜 3 公克

新鮮或罐裝豌豆 100 公克（已煮熟的）
（取 20 公克作為貓咪餐）

優質迷你胡蘿蔔一小罐（已煮熟的）
（取 20 公克作為貓咪餐）

鹽、胡椒些許

1. 將熟雞胸肉薄片切成小條，備用。

2. 在 600 毫升的水中加入肉湯（或雞高湯凍）、洋菜、鹽和胡椒，加熱至煮沸。

3. 在四個迷你小模型中鋪上一半的雞肉條、一層豌豆、胡蘿蔔，最後再鋪上一層剩餘的雞肉條。倒入步驟 2 的肉湯。

4. 放入冰箱冷藏至少 2 小時。享用前約 15 分鐘再將雞肉凍脫模。

寵愛貓咪
春季雞肉凍

貓咪的一餐 準備時間：**10 分鐘** 烹調時間：**5 分鐘** 冷藏時間：**至少 2 小時**

材料

熟雞胸肉薄片 50 公克
煮熟的迷你胡蘿蔔 20 公克
水 150 毫升
洋菜 1 公克
菜籽油 1/2 小匙
肉湯（或雞高湯凍）
維生素和礦物質補充劑 1/2 包
熟豌豆 20 公克

1. 將雞胸肉片切成短條狀，將胡蘿蔔切成很小的塊狀。

2. 將 150 毫升的水倒入平底深鍋中煮沸。加入洋菜、油和肉湯。離火後放涼 1 分鐘，加入維生素和礦物質。

3. 將上述兩種備料連同豌豆一起放入模型中，攪拌均勻，放入冰箱冷藏至少 2 小時。

4. 在讓貓咪享用的前 15 分鐘為肉凍脫模。

寵愛自己
火雞肉燉貝殼麵

4 人份 準備時間：**15 分鐘** 烹調時間：**35 分鐘**

材料

紅蔥頭 1 顆

大蒜 1 瓣

櫛瓜 1 小條

橄欖油 2 大匙

熟火雞肉片 4 片
（取 50 公克作為貓咪餐）

貝殼麵 200 公克

雞高湯 500 毫升

冷凍豌豆 100 公克

白酒 1 杯

帕馬森乳酪 60 公克

細香蔥

鹽、胡椒

1. 將紅蔥頭和大蒜去皮並切成薄片。清洗櫛瓜，削皮，然後切成很小的塊狀。

2. 在雙耳蓋鍋（faitout）中倒入橄欖油，以大火將紅蔥頭和大蒜煮至出汁。預留備用。

3. 將熟火雞肉片切成小丁。

4. 將貝殼麵倒入雙耳蓋鍋，攪拌均勻，讓麵被橄欖油所包覆。淋上一勺高湯，讓麵吸收湯汁。重複同樣的步驟，加入櫛瓜和豌豆，接著再淋上一勺高湯。繼續進行至貝殼麵變熟（約 30 分鐘）為止。從這備料中取 50 公克作為你的貓咪餐。

5. 加入雞肉丁、白酒、備用的紅蔥頭和大蒜，再讓它們吸收最後一次的湯汁。在烹煮的最後撒上帕馬森乳酪，如有需要可調整一下調味。撒上細香蔥。

6. 趁熱放入湯盤中。

寵愛貓咪
鷄肉貝殼麵

貓咪的一餐　準備時間 ： **5 分鐘**

材料
切成小片的熟火雞肉片 50 公克
煮熟的櫛瓜豌豆貝殼麵混料 50 公克
（從家庭餐中提取）
菜籽油 1/2 小匙
維生素和礦物質補充劑 1/2 包

1. 混合所有材料，給小貓咪享用。

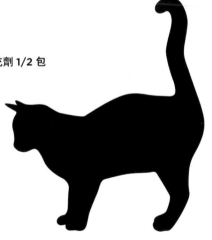

寵愛自己

胡椒鴨柳佐巴薩米克醋和櫛瓜

4 人份 準備時間：**15 分鐘** 烹調時間：**10 至 12 分鐘**

材料

漂亮櫛瓜 5 條
（取 20 公克作為貓咪餐）

橄欖油 1 大匙

鴨柳條 600 公克
（取 50 公克作為貓咪餐）

巴薩米克醋
（vinaigre balsamique）
（4 大匙或裝入噴霧器中）

蜂蜜 2 大匙

羅勒葉幾片

鹽、胡椒粉些許

1. 清洗櫛瓜並稍微削皮（可保留部分綠色的皮）。用蔬果刨削器或極鋒利的刀切成很薄的圓形薄片。

2. 將 1/2 大匙的橄欖油倒入平底煎鍋中，以大火加熱。放上鴨柳條，煎 3 分鐘後翻面。加鹽，撒上胡椒，接著預留備用。

3. 在同一個平底煎鍋中加熱剩餘的橄欖油。放入櫛瓜，以大火煮至櫛瓜變為褐色。預留備用。

4. 接著用巴薩米克醋溶解鍋底的湯汁。加入蜂蜜。再將鴨柳條和櫛瓜放入湯汁中，讓材料吸飽醬汁。加鹽，立刻用剪碎的羅勒葉擺盤。

如果你想加入澱粉，可將 160 公克的生米煮熟，每人一碗。

寵愛貓咪
鴨肉凍片

貓咪的一餐 準備時間：**5 分鐘** 烹調時間：**5 分鐘** 冷藏時間：**至少 2 小時**

材料

熟鴨柳 50 公克
熟櫛瓜 20 公克
熟度剛好的米飯 20 公克
菜籽油 1/2 小匙（5 毫升）
水 150 毫升
洋菜 1 公克
維生素和礦物質補充劑 1/2 包
肉湯

1. 將鴨柳條和櫛瓜切成很小的塊狀。

2. 將櫛瓜和鴨肉塊放入不沾平底煎鍋中，連同米和油一起以中火煮 1 分鐘。

3. 在小型的平底深鍋中倒入 150 毫升的水，煮沸。加入洋菜，放涼後混入維生素和肉湯。

4. 將上述兩種備料倒入模型中，放入冰箱冷藏至少 2 小時。

5. 在讓你的貓咪享用前 15 分鐘將肉凍脫模。

寵愛自己

鰻魚韃靼

2 人份 準備時間：10 分鐘

材料

脂質含量 5% 的絞肉 300 公克

（取 40 公克作為貓咪餐）

新鮮蛋黃 2 個

酸豆[06] 2 大匙

切成薄片的洋蔥 1/2 顆

酸黃瓜 8 小條

切碎的細香蔥

鰻魚脊肉 4 片

塔巴斯科 Tabasco® 辣椒醬幾滴

伍斯特醬[07] 幾滴

第戎（Dijon）芥末醬 1 小匙

鹽、胡椒

可選：干邑白蘭地、檸檬汁 1 顆、番茄醬

1. 將絞肉放入盤中（先取 40 公克作為你的貓咪餐）。將絞肉做為環狀，按壓中央形成中空，這是用來放蛋黃的位置。

2. 在絞肉周圍擺上酸豆、洋蔥、預先切成小塊的酸黃瓜、細香蔥、鰻魚脊肉。

3. 搭配塔巴斯科 Tabasco® 辣椒醬、伍斯特醬、芥末醬、鹽和胡椒擺盤，讓每個人依自己的口味調味。

4. 混合絞肉，直到均勻。

---

06 câpre，學名為續隨子，是刺山柑的花蕾，而非豆類，原產於地中海，經常在醃漬後搭配料理食用。

07 Worcestershire sauce，又稱辣醬油、英國黑醋。

寵愛貓咪

貓版韃靼肉排

貓咪的一餐 準備時間：**5 分鐘** 烹調時間：**1 分鐘**

材料

水煮櫛瓜 20 公克
燕麥片滿滿 1 大匙
超新鮮生絞肉 40 公克
新鮮蛋黃 1 個
維生素和礦物質補充劑 1/2 包
菜籽油 1/2 小匙

1. 將櫛瓜切成很小的塊狀。將燕麥片和其兩倍的水量一起倒入碗中，微波 1 分鐘。

2. 混合絞肉、櫛瓜塊、燕麥片、蛋黃、維生素和礦物質補充劑及油，製作小型的貓版韃靼肉排，接著讓你的小貓咪享用。

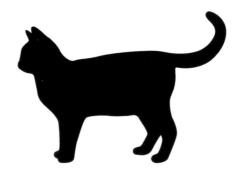

寵愛自己

松子絞肉鑲櫛瓜

4 人份 準備時間：**15 分鐘** 烹調時間：**40 分鐘**

材料

櫛瓜 4 條
（取 20 公克作為貓咪餐）

洋蔥 1 顆

糙米 120 公克
（取 20 公克作為貓咪餐）

橄欖油 2 大匙

脂質含量 15% 的牛絞肉 200 公克
（取 50 公克作為貓咪餐）

松子 30 公克

麵包粉 2 大匙

鹽、胡椒 些許

1. 清洗櫛瓜，切去兩端，接著橫切成兩半。將果肉挖空並預留備用。將洋蔥去皮，和櫛瓜果肉一起切碎，備用。

2. 將一鍋加鹽沸水加熱，煮米（約 10 分鐘）。煮熟後洗米並瀝乾。（或用電鍋以一般煮飯方式煮熟即可。）

3. 在平底煎鍋中加熱橄欖油，接著煎絞肉 5 分鐘，最後放入洋蔥和櫛瓜果肉。再煎整整 5 分鐘，煎至金黃色。

4. 將烤箱預熱至 210℃。

5. 在沙拉攪拌盆中混合煎好的絞肉料、煮熟之糙米和松子。加鹽和胡椒調味，填入挖空的櫛瓜中。

6. 擺在稍微上油的烤盤中，撒上麵包粉。入烤箱烤 20 分鐘。

寵愛貓咪

櫛瓜肉燥飯

貓咪的一餐 準備時間：**5 分鐘** 烹調時間：**3 分鐘**

材料

熟櫛瓜 20 公克

脂質含量 15% 的生絞肉 50 公克

熟糙米 20 公克

菜籽油 1/2 小匙

維生素和礦物質補充劑 1/2 包

1. 將櫛瓜切成很小的塊狀。

2. 放入平底煎鍋中，和絞肉一起炒 3 分鐘。

3. 離火後混入煮熟之糙米、菜籽油，以及維生素和礦物質，接著讓你的小貓咪享用。

寵愛自己

老虎的眼淚（泰式酸辣牛里脊）

2 人份 準備時間：**10 分鐘** 醃漬時間：**5 小時** 烹調時間：**16 分鐘**

材料

約 150 公克的牛里脊
2 塊
（+50 公克作為貓咪餐）
香菜
切碎的泰國細香蔥
檸檬草
（citronnelle）1 根

醃漬醬料

蠔油 3 大匙
醬油 1 大匙
干邑白蘭地
（cognac）1 大匙
壓碎大蒜 1 瓣
胡椒粒 1 小匙

醬汁

小米辣[08]
青檸汁 2 大匙
魚露 1 小匙
蜂蜜 1 小匙（或液態甜味劑）

配料

生的泰國白米 80 公克
鹽

1. 以兩倍份量的鹽水來煮泰國米。煮約 12 分鐘，直到米完全吸收水分。

2. 製作醃漬醬料，混合蠔油、醬油、干邑白蘭地、大蒜和磨碎的胡椒粒。接著放入牛里脊醃漬，蓋上保鮮膜，保存於陰涼處至少 5 小時，中途為肉翻面。

3. 製作醬汁。將辣椒切成薄片（去掉小籽），混入青檸汁、魚露和蜂蜜（或液態甜味劑）。

4. 享用時，用平底煎鍋（最好為耐熱的鑄鐵鍋）將牛里脊煎至五分熟，每面煎 2 分鐘。切成很薄的片狀，淋上醬汁，在整個表面撒上切碎的香菜、檸檬草和細香蔥。

5. 鋪在一層涼拌生菜和豆芽菜上，搭配泰國米飯享用。

---

08 piment oiseau，又名小米椒，雞嘴椒，分布在印度、歐洲、南美及中國大陸的雲南等地。

寵愛貓咪

貓咪的眼淚

貓咪的一餐 準備時間：**5 分鐘**

材料

牛肉 50 公克
熟白米飯 20 公克
菜籽油 1/2 小匙
維生素和礦物質補充劑 1/2 包
麥麩[09] 5 公克
貓草 3 根

1. 將牛肉切碎。和米飯混合。加入菜籽油、維生素和礦物質，以及一半的麥麩。

2. 為備料撒上剩餘的麥麩，加入貓草，接著讓你的小貓咪享用。

09　即麥皮，為小麥加工麵粉的副產品，片狀或粉狀。

寵愛自己
春蔬燉羊肉

4 人份 準備時間：**30 分鐘** 烹調時間：**1 小時 45 分鐘**

材料

新鮮胡蘿蔔 4 根
新鮮蕪菁 4 顆
新鮮小洋蔥 8 顆
薄荷 1 枝
新鮮（或罐裝）豌豆 300 至 400 公克
橄欖油 2 大匙
羊肉 600 公克
（肩肉或頸肉，取 50 克作為貓咪餐）
牛肉高湯塊 1 塊
香草束[10] 1 束
鹽、胡椒

1. 清洗胡蘿蔔、蕪菁和洋蔥並去皮。清洗薄荷並將葉片摘下。如果使用新鮮豌豆，請將豌豆去莢；如果使用的是罐裝豌豆，請加以清洗。

2. 在燉鍋中加入 1 大匙的油。用中火煎羊肉塊 5 分鐘，一邊翻面。

3. 用煎炒平底鍋（sauteuse）以中火加熱 1 大匙的油，並加入蔬菜。翻炒約 10 分鐘後先取出胡蘿蔔與豌豆各 20 克作為貓咪餐，接著倒入燉鍋中。

4. 用 500 毫升的熱水將高湯塊泡開，接著倒入燉鍋中。加入香草束和薄荷葉，加鹽和胡椒。

5. 為燉鍋加蓋，以小火慢燉至少 1 小時 30 分鐘。烹煮的最後，移去香草束，將熱騰騰的燉肉連同湯汁一起裝入餐盤。

---

10 bouquet garni，法式料理中常見的香草組合，內容無硬性規定，但常以百里香、月桂葉等多種香草或香料所構成，可用來增添料理的香氣。

寵愛貓咪

小貓版燉羊肉

貓咪的一餐 準備時間：**5 分鐘** 烹調時間：**30 分鐘**

材料

羊肉 **50 公克**
熟的新鮮胡蘿蔔 **20 公克**
菜籽油 **1/2 小匙**
熟豌豆 **20 公克**
維生素和礦物質補充劑 **1/2 包**
薄荷葉 **2/3 片**

1. 將羊肉切小塊，將胡蘿蔔切成小丁。

2. 在平底深鍋中倒入油，翻炒羊肉。加入一些水，煮 15 至 20 分鐘。

3. 加入胡蘿蔔丁、豌豆，繼續煮 10 分鐘。

4. 混合所有材料，加入維生素和礦物質補充劑。煮好時撒上切碎的薄荷葉。

寵愛自己

綜合香料烤羔羊腿佐南瓜

4 人份 準備時間：**30 分鐘** 烹調時間：**1 小時 30 分鐘**

材料

羔羊腿 4 隻

百里香 4 枝

大蒜 4 瓣

洋蔥 2 顆

籽然粉 1 小匙

肉桂 1 小匙

薑粉 1 小匙

橄欖油 4 大匙

約 1 公斤的西洋南瓜（potiron）1 塊

杏桃乾約 12 顆

杏仁 1 把

蜂蜜 1 大匙

布格麥 400 公克

番紅花 1 份 [11]

新鮮香菜 1/2 盒

鹽、胡椒

1. 將烤箱預熱至 200℃。將羔羊腿擺在烤盤上。加鹽和胡椒，並撒上一半的百里香。加入 2 瓣大蒜和切片洋蔥。撒上籽然粉、肉桂、薑粉；倒入 2 大匙的油，入烤箱烤 1 小時 30 分鐘，中途翻面。

2. 在沙拉攪拌盆中倒入 2 大匙的油，加入剩餘切碎的百里香、2 瓣大蒜、鹽和胡椒。清洗南瓜，切成大塊，加入沙拉攪拌盆並混合。

3. 在羔羊腿烤 1 小時後，加入南瓜、杏桃和杏仁。用少許水稀釋蜂蜜，淋在所有材料上。再烤 30 分鐘，為南瓜翻面數次，讓南瓜軟化並烤至金黃色。

4. 烘烤結束前 15 分鐘，將布格麥倒入 1 升的加鹽沸水中。煮 10 分鐘。熄火後將平底深鍋加蓋 5 分鐘。取出 20 公克作為貓咪餐，之後再倒入 1 份的番紅花，接著攪拌均勻。搭配羔羊腿和布格麥擺盤，並在布格麥上放上南瓜。上菜前再加入剪碎的香菜。

---

11   在法國，1份番紅花通常是指 0.1 公克的番紅花。

寵愛貓咪

羔羊肉醬小鼠

貓咪的一餐 準備時間：**8 分鐘** 烹調時間：**3 分鐘**

材料

煮熟的西洋南瓜 20 公克
煮熟的羔羊腿肉 50 公克
布格麥 20 公克
（從家庭餐中提取）
菜籽油 1/2 小匙
維生素和礦物質補充劑 1/2 包

1. 將南瓜切成小塊，加入 1 大匙的水，微波 3 分鐘至軟化，然後壓成泥。瀝乾後放涼。將肉切成小塊。

2. 將肉、南瓜泥、布格麥、油和維生素放入果汁機中攪打。

3. 最後以小老鼠形狀的塑形模具將肉醬塑形即可。

寵愛自己

香煎雞肝溫沙拉

4 人份 準備時間：**5 分鐘** 烹調時間：**11 分鐘**

材料

四季豆 200 公克
（取 20 公克作為貓咪餐）

皺葉苦苣（salade frisée）1 顆

大蒜 1 瓣

核桃油 4 大匙

巴薩米克醋 2 大匙

洋蔥 1 大顆

橄欖油 1 大匙

家禽肝 400 公克
（雞或鴨肝皆可，取 50 公克作為貓咪餐）

松子 100 公克

鹽、胡椒

1. 將四季豆放入一大鍋煮沸的鹽水中煮 5 分鐘，接著將豆子瀝乾。清洗苦苣，切碎，然後瀝乾。

2. 將大蒜去皮並切片，用核桃油、巴薩米克醋、大蒜、鹽和胡椒製作油醋醬。

3. 將洋蔥去皮並切成薄片。再倒入不沾平底煎鍋中，以橄欖油翻炒 3 分鐘。加入家禽肝，以大火加熱 3 分鐘，煎至內部仍保持粉紅色。

4. 在沙拉攪拌盆中倒入四季豆、皺葉苦苣、松子、家禽肝，淋上油醋醬。立即享用。

寵愛貓咪

雞肝慕斯

貓咪的一餐 準備時間 ： **2 分鐘** 烹調時間 ： **5 分鐘** 冷藏時間 ： **至少 1 小時**

材料

生家禽肝 50 公克（雞或鴨肝皆可）
煮熟並瀝乾的四季豆 20 公克
熟米飯 20 公克
維生素和礦物質補充劑 1/2 包
菜籽油 1/2 小匙

1. 在不沾平底煎鍋中煎家禽肝 3 至 5 分鐘。

2. 在果汁機中倒入煎好的家禽肝、四季豆、米飯、維生素和菜籽油。

3. 將小模型填滿，製作小肉醬餅。

4. 置於陰涼處或放入冰箱冷藏 1 小時，在讓你的貓咪享用前脫模。

寵愛自己
法式蘑菇森林醬佐雞心寬麵

4 人份 準備時間：**15 分鐘** 烹調時間：**18 分鐘**

材料

巴黎蘑菇
（champignons de Paris）300 公克
（取 20 公克作為貓咪餐）

紅蔥頭 2 顆

雞心 600 公克
（取 50 公克作為貓咪餐）

雞高湯塊 1 塊

小牛高湯（fond de veau）2 小匙

威士忌 100 毫升
（如果沒有的話，白酒亦可）

低脂液狀鮮奶油 200 毫升

新鮮義式寬麵 600 公克
（取 20 公克作為貓咪餐）

荷蘭芹

油

鹽、胡椒

1. 仔細清洗蘑菇。將蘑菇、紅蔥頭削皮並切片。

2. 森林醬汁[12]：在略為上油的平底煎鍋中以大火快炒紅蔥頭。接著加入雞心，持續以大火快炒，接著加入蘑菇，然後將火調小。煮 5 分鐘，一邊攪拌所有材料。

3. 將雞高湯塊和小牛高湯混入 150 毫升的熱水中，再連同威士忌一起加入步驟 2 的平底煎鍋中，加鹽，撒上胡椒，續煮約 10 分鐘，將湯汁收乾。烹煮的最後，加入鮮奶油，攪拌均勻，再加熱 3 分鐘。

4. 利用這段時間煮義式寬麵。直接將寬麵投入加鹽的沸水中。調成小火，不要煮沸，煮 3 分鐘並不時攪拌。

5. 將麵瀝乾後，連同雞心和溫熱的森林醬汁一起擺盤。撒上碎荷蘭芹。

12　以蘑菇、蔥和小牛高湯製成的法式傳統醬汁。

寵愛貓咪
雞心義大利麵

貓咪的一餐 準備時間： **3 分鐘** 烹調時間： **2 分鐘**

材料

煮熟的巴黎蘑菇 20 公克
煮熟的義式寬麵 20 公克
菜籽油 1/2 小匙
雞心 50 公克
維生素和礦物質補充劑 1/2 包

1. 在砧板上用鋒利的刀將蘑菇和寬麵切成很小的塊狀。

2. 在不沾平底煎鍋中放入雞心和菜籽油，以中火煎 1 至 2 分鐘，煎至三至四分熟。

3. 放涼後切成很小的塊狀。

4. 全部倒入碗中，加入維生素。混合後讓小貓咪享用。

注意：即使貓咪愛吃，一週也只能餵食你的貓咪一次內臟雜碎類的食材。

寵愛自己
煎牛肝佐酸甜雙蘋果醬汁

4 人份 準備時間：**15 分鐘** 烹調時間：**18 分鐘**

材料

金冠（golden）蘋果 2 顆
史密斯奶奶（granny smith）青蘋果 2 顆
檸檬汁（1 顆檸檬的量）
洋蔥 2 顆
奶油 60 公克
牛肝 4 片（一片約 120 公克）
麵粉 4 大匙
蘋果汁 1 杯
鹽、胡椒

1. 將蘋果削皮，去除果核，每顆分切成 4 ～ 6 塊，先取出 20 公克作為你的貓咪餐後，立刻淋上檸檬汁。將洋蔥去皮並切碎。

2. 在平底煎鍋中融化一半的奶油。煎蘋果塊和洋蔥 10 分鐘，中途翻面，煎至呈現金黃色，預留備用。

3. 清洗牛肝片並瀝乾（取出 50 公克的牛肝作為貓咪餐）。加鹽和胡椒。在盤中倒入麵粉，為肝片的兩面沾上麵粉。以搖動和輕拍的方式抖落多餘的麵粉。

4. 在平底煎鍋中將剩餘的奶油加熱至融化，倒入蘋果汁，接著加入肝片，依厚度而定，每面煎 3 至 4 分鐘。

5. 煎好的牛肝搭配煎至金黃色的蘋果和洋蔥擺盤。

可用原味的義式寬麵和四季豆來搭配這道菜。

寵愛貓咪

胖胖肉球肝醬

貓咪的一餐 準備時間：**2 分鐘** 烹調時間：**3 分鐘**

材料

生牛（去勢公牛或未生育小母牛）**肝 50 公克**
蘋果塊 20 公克
煮熟的義式寬麵 20 公克
維生素和礦物質補充劑 1/2 包
菜籽油 1/2 小匙

1. 在不沾平底煎鍋中放入切成小塊的肝，煎 2 至 3 分鐘。

2. 將蘋果刨成絲。將已經煮熟的義式寬麵切成很小的塊狀。

3. 混合全部材料，加入維生素和菜籽油。讓你的小貓咪享用。

寵愛自己
傳統森林風味燉小牛腰子

4 人份 準備時間：**15 分鐘** 烹調時間：**35 分鐘**

材料

小牛腰子（rognon de veau）2 塊
（請肉販去掉油脂）
漂亮的紅蔥頭 4 顆
胡蘿蔔 4 根
巴黎蘑菇 8 至 10 顆
橄欖油 1 大匙
荷蘭芹 6 枝
白酒 1 杯
小牛高湯粉 2 大匙
Bridelight® 液狀鮮奶油 1 盒
莫城（Meaux）芥末醬 4 大匙
熟栗子 200 公克
鹽、胡椒

1. 將每顆腰子剖開成兩半，去掉中間的筋（或請你的肉販處理），將白色的油脂部分去除。先取出 50 公克作為貓咪餐，再加鹽和胡椒調味。預留備用。

2. 將紅蔥頭去皮。清洗胡蘿蔔並削皮，接著切成條狀（取出 20 公克作為貓咪餐）。將蘑菇清洗乾淨。

3. 在加入少許油的熱鍋中煎腰子 3 至 5 分鐘，將腰子煎至金黃色（視個人喜好而定：淡粉紅色或更熟一點）。將腰子撈起，把油瀝乾。

4. 在燉鍋中用一些橄欖油翻炒蔬菜和荷蘭芹。加入腰子，攪拌並淋上白酒和 1 杯將小牛高湯粉泡開的水。加蓋，以文火煮 15 分鐘。

5. 混合液狀鮮奶油和傳統芥末醬，全部倒入燉鍋中，攪拌均勻，接著加入栗子（預先取出 20 公克作為貓咪餐）。再以文火煮 15 分鐘，不加蓋。加入鹽和胡椒調味。趁熱享用。

寵愛貓咪

森林風腰子

貓咪的一餐 準備時間：**2 分鐘** 烹調時間：**5 分鐘**

材料

生腰子 50 公克
切成條狀的胡蘿蔔 20 公克
熟栗子 20 公克
維生素和礦物質補充劑 1/2 包
菜籽油 1/2 小匙

1. 用一小鍋水煮胡蘿蔔條，直到胡蘿蔔軟化。瀝乾。

2. 將切成小塊的腰子放入不沾平底煎鍋中，煎 3 分鐘。

3. 在煎煮的最後加入胡蘿蔔條，並將栗子弄碎，撒在上面。混合。

4. 將配料倒入模型中，加入維生素和菜籽油。讓小貓咪享用。

寵愛自己
胡椒鹽蝦廣東炒飯

4 人份 準備時間：**10 分鐘＋ 10 分鐘**（蝦子）
烹調時間：**30 ＋ 10 分鐘**（蝦子）

材料

廣東炒飯

蛋 2 顆
長粒白米 200 公克
白火腿 100 公克（或 2 片）
洋蔥 1 顆
胡蘿蔔 2 根
葵花油 2 大匙
小蝦仁 120 公克
熟豌豆 100 公克
醬油 1 大匙
**平葉荷蘭芹（義大利荷蘭芹）1
束**
鹽、胡椒

胡椒鹽蝦

香菜
大蒜 2 瓣
洋蔥 1 顆
生蝦 400 公克
花生油或葵花油
青檸汁 1/2 顆
鹽之花、胡椒粉（最好是四川
的黑胡椒）、**埃斯佩萊特辣椒
粉**（piment d'Espelette）

廣東炒飯：

1. 用平底煎鍋煎出 2 片很薄的蛋餅。一煎熟就將蛋餅捲起，並切成細條狀。

2. 在一鍋煮沸的鹽水中煮米 12 分鐘，接著瀝乾。

3. 將火腿切成小丁。洋蔥去皮切成薄片。將胡蘿蔔削皮並切成很細的條狀，在沸水中燙煮 4 分鐘，瀝乾後切成小丁。

4. 取 20 公克的熟米飯、20 公克的火腿、20 公克的蝦仁、20 公克的胡蘿蔔、10 公克的蛋餅保留給小貓咪。

5. 在平底煎鍋或炒菜鍋中熱油，先炒洋蔥 2 分鐘，接著再炒胡蘿蔔 3 分鐘，加入火腿、蝦仁、米飯和豌豆，炒 5 分鐘。加鹽、胡椒，倒入醬油，並撒上平葉荷蘭芹。

胡椒鹽蝦：

1. 將大蒜和洋蔥去皮並切碎。清洗蝦子去泥腸、去頭。擺在盤子裡，撒上鹽，並用吸水紙將鹽擦去。

2. 在加油的平底煎鍋中，用大火煎蝦子 1 分鐘，將蝦子煎至金黃色。預留備用。

3. 用同一個鍋子炒大蒜、洋蔥，並加入蝦子。用鹽、胡椒和埃斯佩萊特辣椒粉調味。淋上青檸汁，接著加入香菜。再炒所有材料 1 分鐘，立刻搭配廣東炒飯擺盤。

寵愛貓咪
廣東炒飯

貓咪的一餐 準備時間：**5 分鐘** 烹調時間：**2 分鐘**

材料

熟蝦仁 20 公克
火腿 20 公克
炒蛋 10 公克
煮熟胡蘿蔔 20 公克
熟米飯 20 公克
菜籽油 1/2 小匙
維生素和礦物質補充劑 1/2 包

1. 將材料切成小塊。

2. 混入菜籽油和維生素。

3. 全部放入平底煎鍋中，炒 2 分鐘。

4. 放涼後擺盤。

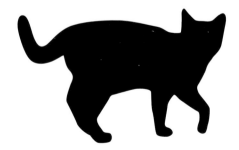

寵愛自己
鮮蝦異國沙拉

4 人份 準備時間：**10 分鐘**

材料

香蕉 1 根
（取 20 公克作為貓咪餐）
芒果 1 顆
酪梨 1 顆
檸檬汁（1 顆檸檬的量）
櫻桃小番茄（tomate cerise）約 12 顆
芝麻菜（roquette）或菠菜沙拉 1 份
煮熟並去殼大蝦仁 12 至 16 隻或去殼褐蝦 1 盒
（取一部分作為貓咪餐）
以橄欖油、檸檬和醬油製成的油醋醬
鹽、胡椒

1. 先將香蕉切成小段，再將每小段切成 4 塊。將芒果去皮並切半，去掉果核，將果肉取下，切成小塊，將果肉預留備用。

2. 將酪梨削皮，切成兩半，挖出果肉，接著切成小塊。淋上一半的檸檬汁（保留另一半製作油醋醬）。將櫻桃小番茄切成兩半。

3. 混合香蕉、芒果、酪梨。在餐盤上鋪上一層沙拉、水果混料和櫻桃小番茄。在混料上擺上 3 至 4 隻蝦子。

4. 用 4 大匙橄欖油、剩餘的檸檬汁、1 大匙的醬油、鹽和胡椒製作油醋醬，並依個人喜好淋在餐盤上。趁新鮮享用。

寵愛貓咪

香蕉蘑菇蝦肉小布丁

貓咪的一餐　準備時間 ： **5 分鐘**

材料

原味優格 1 個

切塊香蕉 20 公克

巴黎蘑菇 20 公克

煮熟並去殼的粉紅蝦
（crevette rose）或褐蝦
50 公克

小麥胚芽或燕麥片 20 公克

維生素和礦物質補充劑 1/2 包

1. 用果汁機混合優格、香蕉、巴黎蘑菇、預先切成小塊的蝦子（若使用褐蝦，可保留一部分在一旁）、小麥胚芽，以及維生素和礦物質補充劑。

2. 倒入貓咪餐碗中，讓小貓咪享用。

寵愛自己

老饕蟹肉餅

4 人份 準備時間：**10 分鐘** 冷藏時間：**30 分鐘** 烹調時間：**8 分鐘**

材料

青蔥 2 小根

紅甜椒 1/2 顆

蛋 1 顆＋蛋黃 1 個

芥末 2 大匙

平葉荷蘭芹（義大利荷蘭芹）1/2 盒

蛋黃醬 2 大匙

（最好以菜籽油製作）

麥麩 30 公克

蟹肉 340 公克

（取 30 公克作為貓咪餐）

麵包粉 30 公克

葵花油

檸檬汁（1 顆檸檬的量）

紅椒粉（Paprika）

鹽、胡椒

1. 將青蔥和紅甜椒切成小丁。

2. 混合所有材料：蛋、芥末、蔥、甜椒、切碎的荷蘭芹、蛋黃醬、麥麩，接著加入蟹肉，形成均勻的混料。加鹽和胡椒調味。

3. 冷凍保存約 10 分鐘。接著將餡料製成小球，稍微壓扁，形成肉餅。加蓋，冷藏保存至少 30 分鐘，接著裹上麵包粉。

4. 在平底煎鍋中以中火加熱葵花油。鍋子一熱，就小心地放入蟹肉餅，以大火每面煎 4 分鐘。

5. 擺在吸水紙上，淋上檸檬汁，並撒上少許紅椒粉。鋪在一層沙拉上擺盤。

寵愛貓咪
喵喵蟹肉餅

貓咪的一餐 準備時間：**5 分鐘** 烹調時間：**2 分鐘**

材料

燕麥片滿滿 1 大匙

蟹肉 30 公克

麥麩 5 公克

用菜籽油製作的蛋黃醬（美乃滋）1 小匙

蛋黃 1 個

切碎的荷蘭芹 1 枝

維生素和礦物質補充劑 1/2 包

1. 在盤中倒入燕麥片和 2 大匙的水，微波加熱 1 分鐘。

2. 混入蟹肉、麥麩、蛋黃醬、蛋黃、切碎的荷蘭芹和維生素，形成餡料。

3. 製成小球，在加入極少量油的不沾平底煎鍋中，以中火將兩面煎熟。讓小貓咪享用。

寵愛自己

三魚散壽司

2 人份 準備時間：**30 分鐘** 烹調時間：**12 分鐘**

材料

鮭魚肉 150 公克
（取 15 公克作為貓咪餐）

鯛魚肉 150 公克
（取 15 公克作為貓咪餐）

鮪魚塊 150 公克
（取 20 公克作為貓咪餐）

壽司用日本米 200 公克
（取 20 公克作為貓咪餐）

水 220 毫升

糖 1 小匙

鹽 1/2 小匙

米醋

新鮮香菜 1/2 把

酪梨 1 顆

黃瓜 1/4 根（取 20 公克作為貓咪餐）

炒過的白芝麻 1 小匙

山葵芥末醬

醃漬薑

醬油（薄鹽）

1. 製作這道食譜的前一天，將趁新鮮購買的魚肉冷凍，讓魚肉 24 小時保持在極冷狀態（-20℃）。料理前再取出。

2. 洗米，接著倒入平底深鍋中，並加入兩倍多一點的水，加蓋煮沸後，調為小火，再煮 12 分鐘，熄火，加蓋再靜置約 10 分鐘（或以一般電鍋將米煮成白飯即可）。倒入大的沙拉攪拌盆中。

3. 在米醋中溶解糖和鹽，全部倒入沙拉攪拌盆中。將米飯與醋混合均勻並放涼。

4. 清洗香菜並切碎。清洗預先從冷凍庫中取出的魚，用很薄的刀切成約 3 公釐厚的薄片。仔細清洗黃瓜，保留果皮，切成很薄的薄片。

5. 在個人的大碗中裝入米飯，疊上三種生魚片、酪梨和黃瓜，再撒上芝麻。加入香菜。

6. 搭配可自由取用的山葵芥末醬、醬油和醃漬薑上菜。

寵愛貓咪

貓版散壽司

貓咪的一餐 準備時間：**3 分鐘**

材料

黃瓜 20 公克
新鮮生鮭魚肉 15 公克
生鯛魚肉 15 公克
生鮪魚塊 20 公克
煮熟的日本米飯 20 公克
菜籽油 1/2 小匙
維生素和礦物質補充劑 1/2 包
薄鹽醬油

1. 將黃瓜削皮，切成很小的丁。將魚切成很小的塊狀，並仔細確認沒有魚刺。

2. 將魚、黃瓜和米飯仔細混合。加入油、維生素和礦物質補充劑、幾滴醬油，將全部材料均勻混合。

3. 將貓版散壽司倒入小碗並擺在小貓咪面前。

寵愛自己

芝麻醃鮪魚串佐米飯和日式沙拉

2 人份 準備時間：**30 分鐘** 醃漬時間：**1 小時**
烹調時間：**2 分鐘**（鮪魚）+ **10 分鐘**（米飯）

材料

芝麻醃鮪魚串

從鮪魚條上切下的厚鮪魚 1 塊
（約 250 公克，取其中的 50 公克作為貓咪餐）
芝麻 2 小匙
油

醃漬醬料

新鮮生薑 3 公分
檸檬汁（1 顆檸檬的量）
醬油 6 大匙
米醋 1 小匙

日式沙拉（SUNOMONO）

裙帶菜乾（algue wakamé séchée）10 公克
黃瓜 1/2 根
櫻桃小番茄 4 顆
米醋 2 大匙
白芝麻 1 小匙
鹽

配料

生的白米 80 公克

芝麻醃鮪魚串

1. 在一鍋鹽水中煮米 10 分鐘。（或以一般電鍋將米煮成白飯即可）

2. 製作醃漬醬料：將薑削皮刨成絲，和醬油、米醋一起混入檸檬汁中。

3. 清洗鮪魚並切小塊。倒入步驟 2 的醃漬醬料中。加蓋醃漬 1 小時，每 15 分鐘翻一次面。

4. 以空盤盛裝芝麻，將醃漬好的鮪魚塊放入盤中，讓鮪魚塊的每一面都均勻裹上芝麻，接著插在竹籤上。

5. 在平底煎鍋中放油，以大火加熱。放入肉串，每面各煎 1 分鐘。

日式沙拉

1. 將裙帶菜乾泡冷水 15 分鐘，將裙帶菜泡開，瀝乾。

2. 將 1/2 根黃瓜橫切成兩半，以「保留一條果皮，削去一條果皮」的間隔交錯方式，削去一半的果皮 [13]。將黃瓜切成很薄的薄片，全部放入蔬果瀝水器中 10 分鐘，撒上 1 大匙的鹽。加入裙帶菜。按壓蔬果瀝水器中的內容物，以去除多餘的水分。

3. 全部放入碗中，再加入 2 大匙的米醋和 1 撮的鹽。加入切半的櫻桃小番茄，並撒上芝麻。

4. 搭配日式沙拉和白飯享用肉串。

13　研究證實，果皮含有豐富的營養價值，保留一半的果皮不但可保留部分的營養，以間隔交錯的方式削皮，還能增加料理的美觀。

寵愛貓咪

貓版鮪魚韃靼

貓咪的一餐　準備時間：**5 分鐘**　冷凍時間：**至少 2 小時**

材料

生鮪魚 50 公克
黃瓜 20 公克
熟米飯 20 公克
菜籽油 1/2 小匙
維生素和礦物質補充劑 1/2 包
醬油少量
（隨意）

1. 用保鮮膜將生鮪魚包好，冷凍至少 2 小時，接著將鮪魚和削皮黃瓜切成小塊。

2. 混合鮪魚、米飯、黃瓜、菜籽油和維生素，接著讓小貓咪享用。（你可加入少量貓咪喜愛的醬油。）

寵愛自己

鮪魚抹醬麵包佐生菜沙拉

4 人份 準備時間：**12 分鐘** 冷藏時間： **至少 2 小時**

材料

紅蔥頭 1 顆
細香蔥
水煮鮪魚 1 大罐
聖茉莉 St Môret® 或費城 Philadelphia® 鮮乳酪 1 盒
檸檬汁（ 1 顆檸檬的量 ）
切碎的新鮮小辣椒 1 根或埃斯佩萊特辣椒粉
鹽、胡椒

沙拉

豆芽（ 苜蓿芽或甜菜根豆芽 ）
菠菜生菜 4 把
甜菜 1 顆
橄欖油 1 大匙
巴薩米克醋 1 大匙
鹽、胡椒

1. 清洗豆芽和生菜。將甜菜削皮，切丁。製作油醋醬，將油醋醬倒入沙拉攪拌盆中，混合所有材料。

2. 將紅蔥頭去皮，切至極碎。清洗細香蔥並切碎。

3. 鮪魚抹醬製作：將鮪魚弄碎，混入鮮乳酪中。加入 2 大匙的細香蔥、等量的紅蔥頭和檸檬汁。加鹽和胡椒，加入辣椒或埃斯佩萊特辣椒粉，拌勻。

4. 將抹醬置於陰涼處或冷藏保存至少 2 小時，再搭配烤麵包片享用。

寵愛貓咪
魚形鮪魚慕斯

貓咪的一餐 準備時間：**5 分鐘** 烹調時間：**3 分鐘** 冷藏時間：**2 小時**

材料

水煮鮪魚 1 小罐
水煮蛋 1 顆
瀝乾的熟櫛瓜 50 公克
優格 2 大匙
菜籽油 1/2 小匙
熟的白米飯 40 公克
煮魚用蔬菜白酒湯（court-bouillon）或魚高湯（fumet de poisson）1/2 杯
洋菜 2 公克
維生素和礦物質補充劑 1/2 包

1. 混合鮪魚、水煮蛋、切塊櫛瓜、優格、油和米飯。放入果汁機中攪打。

2. 以大火煮蔬菜白酒湯（或魚高湯），煮沸時加入洋菜。攪拌後倒入先前的備料與維生素，均勻混合。

3. 在盤子上擺上魚形和星形模型，倒入備料（需要 6 至 8 個小模型）。

4. 置於陰涼處或冷藏約 2 小時，脫模後讓小貓咪享用。

寵愛自己

鮭魚與鯛魚韃靼佐綠蘆筍

4 人份 準備時間：**20 分鐘** 烹調時間：**8 分鐘**

材料

綠蘆筍 1 小把
紅蔥頭 2 顆
鮭魚肉 200 公克
鯛魚肉 200 公克
香菜籽 1/2 小匙
檸檬汁（1 顆檸檬）
蛋黃 1 個
榛果油 4 大匙
榛果 40 公克
蒔蘿（aneth）1/2 小匙
茴芹（anis vert）1/2 小匙
鹽、胡椒粉

1. 清洗蘆筍。放入一大鍋沸水中，再度微滾後再續煮 8 分鐘。瀝乾後用冷水沖洗。切成小塊，保留 20 公克給你的貓咪，剩餘的預留備用。

2. 將紅蔥頭剝皮並切碎。

3. 用寬刀身的刀將鮭魚和鯛魚肉切碎，取 50 公克保留給你的貓咪。撒上香菜籽。全部放入沙拉攪拌盆中，加入檸檬汁、鹽和胡椒。

4. 在小碗中混合蛋黃、榛果油和 2 大匙的水。撒上少許鹽，接著用打蛋器攪拌。預留備用。

5. 用杵臼將榛果搗碎備用。

6. 在沙拉攪拌盆中加入冷卻的蘆筍和紅蔥頭。倒入油醋醬、榛果和香料，全部攪拌均勻，如有必要可調整調味。最後用不銹鋼圈輔助擺盤即可。

你可搭配白米飯來享用這道魚韃靼。

寵愛貓咪

綠蘆筍炙燒鮭魚

貓咪的一餐 準備時間： **5 分鐘** 烹調時間： **5 分鐘**

材料

切好的生鮭魚肉 50 公克
煮熟的綠蘆筍 20 公克
熟白米飯 20 公克
菜籽油 1/2 小匙
維生素和礦物質補充劑 1/2 包

1. 在平底煎鍋中輕抹上一層油，以大火加熱。在鍋子夠熱時快速放入鮭魚，油煎。用鍋鏟一次翻面，煎另一面，以免過熟。

2. 連同切成小塊的綠蘆筍和白米飯一起放入飼料碗中。

3. 加入菜籽油和維生素。混合所有材料，讓小貓咪享用。

寵愛自己
尼斯米沙拉

4 人份 準備時間：**20 分鐘** 烹調時間：**32 分鐘**

材料

蛋 4 顆
印度香米（riz basmati）120 公克
（取煮熟的 20 公克米飯作為貓咪餐）
四季豆 120 公克
（煮熟後取 20 公克作為貓咪餐）
番茄 2 顆
紅甜椒 1/2 顆
橄欖油漬鮪魚 160 公克
（取 50 公克作為貓咪餐）
橄欖油 4 大匙
酒醋 2 大匙
黑橄欖 8 顆
鹽、胡椒

1. 將蛋放入沸水中煮 10 分鐘後，再放入冷水中剝殼。

2. 將米倒入其兩倍份量的鹽水中，加蓋，煮至米完全吸收水分（約 12 分鐘）。熄火，加蓋燜約 10 分鐘。

3. 在此期間，將四季豆浸泡在一大鍋煮沸鹽水中 10 分鐘。

4. 清洗番茄和甜椒，切成小丁。將水煮蛋切成 4 塊。將鮪魚弄碎。用橄欖油和醋製作油醋醬，加鹽和胡椒調味。

5. 擺盤：用叉子將米飯鬆開。加入番茄、四季豆和甜椒。將碎鮪魚肉撒在上面，加入橄欖和切塊的蛋。

寵愛貓咪
貓版鮪魚飯沙拉

貓咪的一餐　準備時間：**5 分鐘**

材料

煮熟四季豆 20 公克
（從家庭餐中提取）
油漬鮪魚 50 公克
菜籽油 1/2 小匙
維生素和礦物質補充劑 1/2 包
熟米飯 20 公克
（從家庭餐中提取）
橄欖 1 顆和貓草 2 根
（隨意，裝飾用）

1. 將四季豆切成很小的塊狀。將鮪魚弄碎。

2. 在圓形的小模型中混合鮪魚、米飯、四季豆、菜籽油和維生素。

3. 倒扣在餐盤上，並勾勒出貓頭的形狀。

4. 將橄欖切成小小的圓形，用來製作眼睛和鼻子，並將貓草切成小段，用來製作鬍鬚。讓小貓咪享用。

若你的貓咪有腎臟問題，可用番茄來取代四季豆。

寵愛自己
蒜烤鯖魚排

4 人份 準備時間： **20 分鐘** 醃漬時間： **1 小時** 烹調時間： **35 分鐘**

材料

大蒜 12 瓣

橄欖油 4 大匙

檸檬汁（1 顆檸檬的量）

胡蘿蔔 4 根

（取 20 公克作為貓咪餐）

優質的鯖魚肉 4 塊

（取 50 公克作為貓咪餐）

適當大小的軟肉馬鈴薯 4 顆

含鹽奶油 20 公克

洗淨並切碎的荷蘭芹

牛乳 1/2 杯

（隨意）

鹽之花、胡椒

1. 將大蒜去皮，用壓蒜鉗壓成泥。在小碗中混合蒜泥、橄欖油、檸檬汁和鹽之花，形成糊狀的蒜醬備用。

2. 將胡蘿蔔削皮，並從長邊切成 4 塊。清洗鯖魚肉，和胡蘿蔔一起放入耐熱烤盤中。

3. 將做好的蒜醬鋪在鯖魚肉上，鋪上保鮮膜，醃漬 1 小時。

4. 在加鹽沸水中煮馬鈴薯約 20 分鐘（用刀尖檢查是否夠熟）。接著瀝乾，約略壓碎。加入含鹽奶油、切碎的荷蘭芹、牛乳（隨意）、鹽和胡椒，調味完成後備用。

5. 將烤箱預熱至 180℃。取醃漬好的鯖魚肉，於正反兩面撒上鹽和胡椒，放入烤箱烤 15 分鐘。

6. 烤魚搭配馬鈴薯泥和胡蘿蔔擺盤。

— 魚類 —

寵愛貓咪

鯖魚肉醬可麗露

貓咪的一餐 準備時間：**5 分鐘** 冷藏時間：**2 小時**

材料

煮魚用蔬菜白酒湯 [14]
生胡蘿蔔 20 公克
生鯖魚肉 50 公克
燕麥片 20 公克
菜籽油 1/2 小匙
維生素和礦物質補充劑 1/2 包
優格 2 大匙

1. 在一小鍋水中加入蔬菜白酒湯，加熱至煮沸。放入胡蘿蔔，煮至軟化。取出放在餐盤上，用叉子壓碎。

2. 將鯖魚肉加進同一鍋湯汁中煮 2 分鐘。從將鯖魚從高湯中取出，預留備用。

3. 用幾匙的蔬菜白酒湯濕潤燕麥片。

4. 在碗中將鯖魚弄碎，逐步加入燕麥片、胡蘿蔔、菜籽油、維生素和優格，形成濃稠的肉醬。

5. 填入迷你的可麗露模中，冷藏 2 小時，讓肉醬硬化。在小貓咪的小盤子裡脫模。

---

14 Court-bouillon，法式料理中一種快煮的清湯，常用來燉煮魚類或海鮮，通常以水、鹽、白酒、芳香蔬菜（洋蔥、芹菜等）所組成，並以香草束和黑胡椒調味。

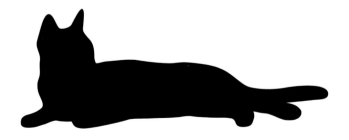

寵愛自己

綠蘆筍鱈魚子義大利麵

4 人份 準備時間：**10 分鐘** 烹調時間：**25 分鐘**

材料

義大利（長直麵）200 公克

鱈魚子 1 大袋

（最好是新鮮的）

綠蘆筍 8 根

橄欖油 1 大匙

低脂法式酸奶油（crème fraîche allégée）
4 大匙

檸檬汁（2 顆檸檬的量）

櫻桃小番茄 8 顆

帕馬森乳酪絲

鹽、胡椒

1. 將一大鍋鹽水煮沸，煮義大利麵約 8 分鐘左右，煮至「彈牙」[15]。將麵瀝乾，預留 20 公克作為貓咪餐。

2. 將袋裝的鱈魚子打開，取 50 公克保留給你的貓咪。

3. 清洗蘆筍，將兩端切去，接著泡在加鹽沸水中 5 分鐘。立刻取出過冷水，切成 2 公分的小段，預留備用（取 20 公克保留給你的貓咪）。

4. 在煎炒平底鍋中放入少量的油，以大火加熱。放入蘆筍、鱈魚子（用木匙鬆開）和法式酸奶油。撒上少許鹽，撒上胡椒，並加入檸檬汁。將火力調小，輕輕拌勻。

5. 加入義大利麵和切半的櫻桃小番茄。撒上一層帕馬森乳酪絲，趁熱享用。

---

15 al dente，煮至外面軟化，但裡面仍保有白白的麵芯，這是義大利人偏好的口感，可依個人口味自行調整熟度。

寵愛貓咪

義式鱈魚子

貓咪的一餐 準備時間：**5 分鐘** 烹調時間：**5 分鐘**

材料

熟義大利麵 20 公克
煮熟的綠蘆筍 20 公克
低脂法式酸奶油 1 小匙
鱈魚子 50 公克
菜籽油 1/2 小匙
維生素和礦物質補充劑 1/2 包

1. 將義大利麵和蘆筍切成很小的塊狀。

2. 放入不沾平底煎鍋中，以中火煮 1 分鐘，接著加入法式酸奶油和鱈魚子。混合所有材料。

3. 離火後加入菜籽油、維生素和礦物質。

4. 全部倒入小貓咪的小碗中。

魚類

寵愛自己

椰奶青鱈黑米燉飯

4 人份 準備時間：**10 分鐘** 烹調時間：**45 分鐘**

材料

紅蔥頭 3 顆

櫛瓜 2 條

橄欖油 3 大匙

義大利黑米（riz venere）200 公克

（義式燉飯用黑米）

剪碎的荷蘭芹 1 枝

雞高湯 1 升

椰奶 250 毫升

白酒 100 毫升

帕馬森乳酪絲 20 公克

綠青鱈（lieu noir）脊肉 4 片

（+50 公克作為貓咪餐）

埃斯佩萊特辣椒粉 2 撮

（隨意）

鹽、胡椒

1. 將紅蔥頭去皮並切片。清洗櫛瓜，去皮並切成很小的丁。

2. 在雙耳燉鍋中以大火加熱 2 大匙的橄欖油，將 1/3 的切片紅蔥頭煮至出汁。預留備用。

3. 加入黑米並拌勻，讓米完全被橄欖油所浸透。加入櫛瓜丁和切碎的荷蘭芹，接著加入一大勺的高湯。讓米吸收湯汁。接著再加入一勺的高湯，再讓米吸收湯汁。繼續同樣的步驟，直到米煮熟（約 30 分鐘）。

4. 米一旦吸收所有的湯汁，就加入一半的椰奶。取 50 公克的櫛瓜飯保留給你的貓咪。加入白酒和預留的紅蔥頭，再讓米飯吸收最後一次的湯汁。煮好時撒上帕馬森乳酪絲，如有需要可調整調味。

5. 綠青鱈的部分，先在平底煎鍋中加入 1 大匙的橄欖油，翻炒剩餘的紅蔥頭片。放入魚，每面煎 1 至 2 分鐘。

6. 倒入剩餘的椰奶、加鹽和胡椒，加入辣椒粉，接著以極小的火煮 2 至 3 分鐘。

7. 將黑米燉飯裝入湯盤中，再擺上綠青鱈脊肉。

寵愛貓咪
貓版黑米義式燉飯

貓咪的一餐 準備時間：**5 分鐘** 烹調時間：**3 分鐘**

材料

煮熟的綠青鱈脊肉 50 公克
櫛瓜黑米混料 50 公克
（從主人的餐點中提取）
菜籽油 1/2 小匙
維生素和礦物質補充劑 1/2 包

1. 將綠青鱈切成很小的塊狀，仔細確認沒有魚刺。

2. 將綠青鱈放入不沾平底煎鍋中，以中火煎 1 分鐘，稍微加熱，接著加入櫛瓜黑米、油、維生素和礦物質補充劑，均勻混合。

3. 全部倒入小碗中，擺至小貓咪面前。

寵愛自己

紙包椰香咖哩鱈魚

4 人份 準備時間：**5 分鐘** 烹調時間：**18 分鐘**

材料

櫛瓜 4 小條

胡蘿蔔 2 根

韭蔥（poireau）2 根

薑 1 小塊

鱈魚肉 4 塊

低脂椰奶 1 盒

咖哩

鹽、胡椒

配料

生的白米 160 公克

1. 將烤箱預熱至 180℃。

2. 將櫛瓜和胡蘿蔔去皮。用鋒利的刀或刨絲切片器切成很薄的薄片。將韭蔥和薑切成薄片。

3. 以滾水川燙步驟 2 的蔬菜 3 分鐘，再用冷水沖洗。

4. 擺好 4 個烤盤紙包（一人份的量是一個紙包）。在紙包內鋪上一層蔬菜（寬條狀的櫛瓜和胡蘿蔔、薄薄一層韭蔥、薑片），接著放上鱈魚肉。淋上椰奶。加鹽和胡椒，撒上咖哩粉。

5. 將紙包包起，入烤箱烤 15 分鐘。

6. 烘烤紙包期間，用沸水煮白米（或以一般電鍋煮成白飯即可）。出爐後搭配白飯立即享用。

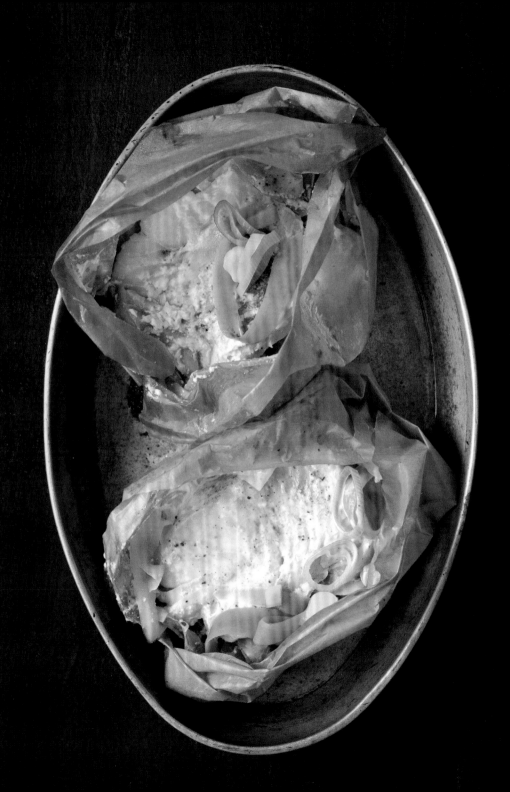

— 魚類 —

寵愛貓咪

鱈魚櫛瓜派

貓咪的一餐 準備時間：**3 分鐘**

材料

熟鱈魚 50 公克

櫛瓜 20 公克

熟米飯 20 公克

菜籽油 1/2 小匙

維生素和礦物質補充劑 1/2 包

椰奶 1 小匙

1. 將鱈魚切成很小的塊狀，仔細確認沒有魚刺。

2. 將櫛瓜切成小丁。和魚塊仔細混合。

3. 加入米飯、維生素、菜籽油和礦物質補充劑，以及椰奶，接著將所有材料攪拌均勻。

4. 全部倒入小碗中，擺至小貓咪面前。

義式蘆筍燉飯佐比目魚

4 人份 準備時間：**20 分鐘** 烹調時間：**30 分鐘**

材料

比目魚肉 4 片
橄欖油 2 大匙
不甜的白酒（vin blanc sec）
1 杯
魚高湯（fumet de poisson）
200 毫升
脂質含量 7% 的低脂法式酸奶
油 4 大匙

義式燉飯（LE RISOTTO）

洋蔥 1 顆
綠蘆筍約 12 根
橄欖油 1 大匙
阿柏里歐米（riz arborio）
200 公克
蔬菜高湯 1 升
不甜的白酒 1 小杯
奶油 20 公克
帕馬森乳酪 60 公克
鹽、胡椒

1. 將烤箱預熱至 200℃。在焗烤盤底部刷上油，擺上比目魚肉（先取 50 公克作為貓咪餐），接著淋上剩餘的橄欖油。在平底深鍋中將白酒加熱，混入魚高湯。淋在比目魚上。

2. 將蘆筍洗淨，放入加鹽沸水中 5 分鐘。取出後過冷水，切成 2 公分的小段，接著預留備用（取 20 公克保留給你的小貓咪）。

3. 將洋蔥去皮並切碎。在平底煎鍋中倒入橄欖油，以中火將洋蔥煮至出汁，預留備用。

4. 製作義式燉飯，將米倒入平底煎鍋中，煮至米變為透明：加入和米等量的蔬菜高湯，煮至小滾，讓米吸收湯汁，接著在 18 分鐘裡重複 2 至 3 次同樣的步驟，直到米完全吸收湯汁。

5. 約在燉飯煮好前 15 分鐘，將比目魚入烤箱烤 12 至 15 分鐘。烤好時將湯汁過濾出來，混入法式酸奶油，製成奶油醬。

6. 燉飯煮熟後，先取出 20 公克保留給你的貓咪，再加入白酒、洋蔥，接著是奶油和帕馬森乳酪，一邊攪拌所有材料，最後再加入蘆筍。

7. 擺盤：將燉飯裝在湯盤中，擺上比目魚排。淋上奶油醬。

寵愛貓咪

貓版綠蘆筍比目魚燉飯

貓咪的一餐 準備時間： **5 分鐘** 烹調時間： **6 分鐘**

材料

生比目魚肉 50 公克
菜籽油 1/2 小匙
熟燉飯 20 公克
煮熟的綠蘆筍 20 公克
維生素和礦物質補充劑 1/2 包
帕馬森乳酪絲

1. 將比目魚肉和綠蘆筍切成很小的塊狀。

2. 在平底煎鍋中以菜籽油煎比目魚 5 至 6 分鐘，加入燉飯和蘆筍。

3. 將平底煎鍋離火，將內容物倒入小的飼料碗中，加入維生素和礦物質補充劑均勻混合。

4. 最後並撒上少許帕馬森乳酪絲。讓小貓咪享用。

寵愛自己

扁豆鱒魚胡蘿蔔橙色沙拉

4 人份 準備時間：**15 分鐘** 烹調時間：**35 分鐘**

材料

紫洋蔥 1 顆

胡蘿蔔 3 根

珊瑚扁豆（lentille corail）200 公克

雞高湯塊 1 塊

去皮鱒魚肉 500 公克

（取 50 公克作為貓咪餐）

白酒 150 毫升

橄欖油 2 大匙

菜籽油 2 大匙

檸檬汁（1 顆檸檬的量）

碎胡椒 1 小匙

切碎的細香蔥 1 束

鹽、胡椒粉

1. 將洋蔥去皮並切成薄片，將胡蘿蔔削皮並切成圓形薄片。預先用水將高湯塊泡開，倒入雙耳蓋鍋中。將扁豆連同洋蔥和胡蘿蔔一起放入雙耳蓋鍋中，以其三倍的水量煮至材料完全吸收湯汁（約煮 30 分鐘）。煮好後先取出 20 公克的胡蘿蔔與扁豆給貓咪餐，再加鹽調味。

2. 將鱒魚肉放入盤中。撒上少許鹽，加胡椒並淋上白酒。微波 5 分鐘。放涼並弄碎。

3. 用油、檸檬汁、鹽和胡椒製作油醋醬。

4. 將油醋醬連同蔬菜、碎胡椒、弄碎的鱒魚和切碎的細香蔥一起倒入沙拉攪拌盆中。

寵愛貓咪
扁豆鱒魚胡蘿蔔肉凍派

貓咪的一餐 準備時間：**5 分鐘** 烹調時間：**3 分鐘** 冷藏時間：**至少 2 小時**

材料

生鱒魚肉 50 公克
煮熟的胡蘿蔔 20 公克
（從家庭餐中提取）
水 150 毫升
洋菜 1 公克
維生素和礦物質補充劑 1/2 包
魚高湯或煮魚用蔬菜白酒湯
熟扁豆 20 公克
（從家庭餐中提取）
菜籽油 1/2 小匙

1. 將鱒魚切成很小的塊狀，微波 1 分鐘。將胡蘿蔔切成小丁。

2. 在平底深鍋中倒入 150 毫升的水，煮沸。加入洋菜、維生素和魚高湯。

3. 混合鱒魚、扁豆和胡蘿蔔，全部放入小模型中。加入混有洋菜的高湯，保存在陰涼處或冷藏至少 2 小時。

4. 在讓你的貓咪享用前 15 分鐘將肉凍脫模。

這道食譜只保留給沒有體重過重、消化不良或腸胃敏感等問題的貓咪。

寵愛自己

薑絲牙鱈

4 人份 準備時間：**15 分鐘** 烹調時間：**20 分鐘**

材料

紅蔥頭 4 顆

新鮮生薑 1 小塊

新鮮胡蘿蔔 4 根

去殼熟淡菜 200 公克

去殼褐蝦 200 公克

不甜白酒 300 毫升

奶油 30 公克

麵粉 1 大匙

香草束 1 束或魚高湯 2 小匙

牙鱈魚排 4 片

低脂法式酸奶油 4 大匙

荷蘭芹

鹽、胡椒粉

1. 將紅蔥頭、薑和胡蘿蔔去皮並切碎，其中薑塊保留小部份切成絲，作最後裝飾用。（胡蘿蔔分切前先取 20 公克保留給你的貓咪。）

2. 將去殼的淡菜和蝦子倒入大的燉鍋中（先各取 20 公克保留給你的貓咪），加入酒、紅蔥頭、薑、胡蘿蔔、奶油、麵粉和香草束（或魚高湯）。撒上少許鹽並加胡椒，拌勻以免結塊，以中火煮 5 至 10 分鐘，將湯汁煮至濃稠，一邊繼續攪拌。

3. 在這段時間，於加入少許奶油的平底煎鍋中，以文火煎牙鱈魚排 10 分鐘（先取 30 公克保留給你的貓咪）。加入低脂法式酸奶油，如有需要可調整調味。

4. 分裝至四個餐盤中，並將淡菜和蝦子連同其醬汁一起倒在魚排上。撒上荷蘭芹和薑絲。

可搭配以加鹽沸水煮 3 分鐘的新鮮義式寬麵（四人份約 350 公克）享用（取 20 公克保留給你的貓咪）。

寵愛貓咪

諾曼地牙鱈小肉凍

貓咪的一餐 準備時間：**5 分鐘** 烹調時間：**15 分鐘**

材料

生胡蘿蔔 20 公克
熟牙鱈（merlan cuit）30 公克
煮熟並去殼的淡菜和褐蝦（crevette grise）20 公克
煮熟的義式寬麵 20 公克
低脂法式酸奶油 1 大匙
菜籽油 1/2 小匙
維生素和礦物質補充劑 1/2 包

1. 將胡蘿蔔切成小丁，放入一鍋水中煮 10 分鐘，煮至軟化。煮好時瀝乾。

2. 在這段期間，在砧板上將魚、淡菜和蝦子切成很小的塊狀。

3. 將預先抹好油的平底煎鍋加熱，煮淡菜、蝦子和寬麵約 5 分鐘。攪拌並加入胡蘿蔔丁和法式酸奶油。

4. 離火後加入菜籽油、牙鱈，以及維生素和礦物質補充劑。倒入飼料碗中，讓你的貓咪享用。

寵愛自己

沙丁魚義式扁麵

4 人份　準備時間：**20 分鐘**　烹調時間：**30 分鐘**

材料

沙丁魚肉 600 公克
鹽漬醃魚 4 隻
葡萄乾 4 大匙（柯林特
Corynthe）
洋蔥 1 顆
番茄 2 顆
茴香（fenouil）2 根
（以「野生」為佳）
橄欖油 4 大匙
松子 4 大匙
茴香籽（graine de fenouil）
1 小匙
義式扁麵 200 公克
黑橄欖 12 顆
番紅花 1/2 份
鹽、胡椒

1. 清洗沙丁魚肉並擦乾。若還有肉眼可見的魚刺，就用鑷子挑掉，接著切塊。取 50 公克保留給你的貓咪。用冷水沖洗醃魚，同樣切成小塊。

2. 將葡萄乾放入一碗溫水中。

3. 將洋蔥去皮並切成薄片。清洗並準備番茄，將番茄投入微滾的水中幾秒，接著放入很冷的水中剝皮（取 20 公克保留給你的貓咪）。接著用叉子將番茄果肉約略壓碎，預留備用。清洗 2 根茴香，接著切碎。

4. 在大型平底煎鍋中，以中火加熱橄欖油。將洋蔥煎 5 分鐘，煎至金黃色，接著加入番茄果肉、茴香、瀝乾的葡萄乾和松子，煮 2 至 3 分鐘。放入沙丁魚肉塊和醃魚，煎 3 分鐘，同時混合材料。加鹽、胡椒調味，加入茴香籽、黑橄欖，接著撒上番紅花。保溫備用。

5. 將麵放入大量加鹽沸水中煮至彈牙。煮好時取 20 公克和適量的烹煮湯汁保留給你的貓咪，以便繼續以小鍋煮貓咪餐。

6. 將麵瀝乾，接著倒入步驟 4 的平底煎鍋中。拌勻後享用。

寵愛貓咪

貓版沙丁魚義大利麵

貓咪的一餐 準備時間：**2 分鐘** 烹調時間：**8 分鐘**

材料

煮熟的義大利扁麵（linguine cuite）20 公克

番茄果肉 20 公克

切塊的沙丁魚肉 50 公克

（生的或水煮罐頭）

菜籽油 1/2 小匙

維生素和礦物質補充劑 1/2 包

1. 在一小鍋水中加熱麵 5 分鐘，讓麵變軟。

2. 煮好時將水倒掉，讓麵留在鍋中。加入番茄果肉，拌勻，接著加入沙丁魚塊。再煮 2 至 3 分鐘。

3. 離火後加入菜籽油和維生素補充劑。讓小貓咪享用。

寵愛自己

綠蘆筍小布丁派

4 人份 準備時間：**20 分鐘** 烹調時間：**40 分鐘**

材料

綠蘆筍 400 公克

蛋 4 顆

脂質含量 5% 的法式液狀酸奶油 200 毫升

帕馬森乳酪絲 50 公克

奶油 40 公克

細香蔥 2 大匙

鹽、胡椒

1. 將綠蘆筍洗淨，將硬的兩端切去，泡入加鹽沸水中 8 至 12 分鐘（視粗細而定）。保留 4 個蘆筍頭作為布丁派的裝飾用，並另取 20 公克蘆筍頭保留給你的貓咪。

2. 將烤箱預熱至 180℃。

3. 將蛋白和蛋黃分開，用少許鹽將蛋白打成泡沫狀。

4. 用電動攪拌機攪打蘆筍、蛋黃、酸奶油和帕馬森乳酪絲。加鹽、胡椒，混入泡沫狀蛋白中。

5. 為個人小模型刷上奶油，並將步驟 4 的備料分裝至每個模型中。擺在裝有半滿水的耐熱烤盤中，隔水加熱 25 至 30 分鐘，一邊留意烹煮狀況。

6. 在隔水加熱的容器中放涼。將剩餘的 4 個蘆筍頭橫切成兩半，擺在每塊布丁派上作為裝飾。撒上細香蔥後再享用。

寵愛貓咪

小麥胚芽蘆筍蛋餅

貓咪的一餐 準備時間：**5 分鐘** 烹調時間：**3 分鐘**

材料

蛋 1 顆
煮熟的蘆筍頭 20 公克
麥麩 1/2 大匙
切碎的荷蘭芹 1 枝
小麥胚芽 1 大匙
菜籽油 1/2 小匙
維生素和礦物質補充劑 1/2 包

1. 在沙拉攪拌盆中將蛋打散。加入切成小塊的蘆筍頭、麥麩和切碎的荷蘭芹。如有需要，可倒入 1 至 2 大匙的水。

2. 在預先抹油並加熱的平底煎鍋中煎蛋餅 2 至 3 分鐘。

3. 將蛋餅從鍋中取出，擺在餐盤裡。撒上小麥胚芽、菜籽油和維生素補充劑。切成小片後讓小貓咪享用。

喵斯里

材料

燕麥片 20 公克
（滿滿 1 大匙）
切成小丁的蘋果 20 公克
原味優格 1 個
**維生素和礦物質補充劑 1/2
包**
菜籽油 1/2 小匙

準備時間：**5 分鐘**　烹調時間：**1 分鐘**

1. 將燕麥片和兩倍的水量倒入碗中，微波 1 分鐘。

2. 將蘋果塊切成很小的丁。

3. 將蘋果、燕麥片和原味優格混合。

4. 加入維生素和菜籽油，接著攪拌。讓你的貓咪享用。

我的小心肝餅

材料

**稍微煎至粉紅色的雞肝 120
公克（切成小塊）**
全麥麵粉 50 公克
蛋 1 顆
奶粉 20 公克
**乾燥貓薄荷（貓草）1/2 大
匙**
水 2 大匙

準備時間：**10 分鐘**　烹調時間：**15 分鐘**

1. 將烤箱預熱至 180℃。

2. 將所有材料倒入果汁機或食物調理機中，攪打至形成均勻糊狀。如有需要，可加入少量的水，讓材料軟化。

3. 在烤盤上鋪上烤盤紙，倒入步驟 2 製作好的混料麵團，將麵團整平。

4. 放入烤箱烤15分鐘，接著用刀尖檢查熟度：麵糊應略為柔軟，但刀尖抽出時必須呈現乾燥狀態。

5. 將備料從烤箱取出，放涼後用小型切割器或鋒利的刀切成一口大小的餅乾。將餅乾以玻璃罐冷藏保存。

—— 貓咪點心 ——

雞肉餅乾

材料

生雞肉片 120 公克

雞高湯塊 1 塊

燕麥片 50 公克

生豆芽菜 40 公克

蛋 1 顆

全麥麵粉 20 公克

乾燥貓薄荷（貓草）1/2 大匙

準備時間：**15 分鐘**　烹調時間：**30 分鐘**

1. 將烤箱預熱至 180℃。將雞肉片切成約 6 公分的大塊。和高湯塊一起放入一鍋水中煮約 10 分鐘。離火。取出雞肉片，並保留少許熱湯。

2. 將燕麥片倒入湯盤或碗中，用湯淹過。用果汁機攪打冷卻的雞肉、燕麥片、生豆芽菜、蛋和貓草，打至形成沙狀。

3. 在沙拉攪拌盆中放入上述混料和少許麵粉。將麵團揉至不再黏手，接著用擀麵棍擀開。如有需要，可加入幾撮麵粉。

4. 用切割器在鋪平的麵皮上裁出小三角形或方形，再擺放於鋪有烤盤紙的烤盤上。入烤箱烘烤約 20 分鐘。放涼。以小玻璃罐冷藏保存。

鮪魚冰塊（夏季）

材料

製冰盒 1 個

水煮鮪魚 1 罐

菜籽油 1/2 小匙

水 2 大匙

準備時間：**3 分鐘**　冷凍時間：**至少 3 小時**

1. 混合材料，分裝至製冰盒中。如有需要，可用水補滿，將製冰盒的材料整平。冷凍至少 3 小時。

2. 天氣很炎熱時，為小貓咪取出 1 至 2 個鮪魚冰塊，並擺在小盤子裡讓牠享用。

牛肉餅乾

材料

新鮮牛絞肉 100 公克
蛋 1 顆
帕馬森乳酪絲 2 大匙
全麥麵粉 2 大匙
貓薄荷 1/2 大匙
水 1 大匙

準備時間：**10 分鐘** 烹調時間：**10 分鐘**

1. 將烤箱預熱至 180℃。

2. 為烤盤鋪上烤盤紙。

3. 將全部材料倒入沙拉攪拌盆中。混合成泥狀。如有需要可再添加麵粉。

4. 製作小山形狀的不規則餅乾塊，擺在烤盤上。

5. 入烤箱烤 8 至 10 分鐘。出爐後以玻璃罐冷藏保存。

迷你沙丁魚可麗露

材料

無骨沙丁魚肉（水煮罐裝）
100 公克
蛋 2 顆
全麥麵粉 50 公克
貓薄荷或百里香 1/2 大匙

準備時間：**10 分鐘** 烹調時間：**15 分鐘**

1. 將烤箱預熱至 180℃。

2. 將沙丁魚肉倒入沙拉攪拌盆中，用叉子弄碎。加入 2 顆蛋，混合均勻。

3. 接著一次倒入全麥麵粉和貓薄荷（或百里香），繼續攪拌。

4. 將麵糊拌勻後倒入迷你可麗露模中。

5. 入烤箱烤 15 分鐘。

鮪魚丸

材料

生米 35 公克

瀝乾的水煮鮪魚 1 小罐

水煮鱈魚肝 1/2 罐

（約 50 至 60 公克）

切碎的新鮮荷蘭芹 2 根

準備時間：**10 分鐘**　烹調時間：**15 分鐘**

1. 在一鍋沸水中煮米 15 分鐘，將米煮熟，瀝乾後稍微放涼（或以一般電鍋煮成白飯放涼即可）。

2. 將鮪魚弄碎，將鱈魚肝切成小塊。

3. 將所有材料倒入碗中，壓成泥狀（如有需要可以果汁機輔助）。

4. 將形成的泥狀物搓成球狀，讓你的貓咪享用。剩餘的鮪魚丸可連同餐盤用保鮮膜包起，冷凍或冷藏保存。

生日小蛋糕

材料

水煮鮪魚 1 小罐

蛋 2 顆

Philadelphia® 費城乳酪 1 盒

切碎的荷蘭芹 2 小匙

全麥麵粉 50 公克

圓鰭魚紅魚子醬（oeufs de lump rouges）

黑橄欖 1 顆

貓草 1 根

準備時間：**10 分鐘**　烹調時間：**20 分鐘**

1. 將烤箱預熱至 180℃。

2. 將鮪魚瀝乾。倒入沙拉攪拌盆中並弄碎。加入蛋、半盒的鮮乳酪、1 小匙切碎的荷蘭芹和麵粉。

3. 將麵糊拌勻，接著以果汁機快速攪打。接著分裝至老鼠和貓咪形狀的小模型中。

4. 入烤箱烤 20 分鐘。

5. 在小蛋糕上鋪上鮮乳酪。保留一隻白色的老鼠，接著將切碎的荷蘭芹加在另一塊蛋糕上，以製作綠色老鼠，再以圓鰭魚子醬製作紅色貓咪……用黑橄欖的末端製作眼睛，並以貓草做鬍鬚。

準備時間：**10 分鐘**
烹調時間：**20 分鐘**

乳酪條

材料

切達乳酪絲（cheddar râpé）60 公克
帕馬森乳酪絲 6 大匙
全麥麵粉 70 公克
Maïzena® 玉米粉 30 公克
蛋 1 顆
水幾大匙

1. 將烤箱預熱至 180℃。將所有材料倒入沙拉攪拌盆中，混合至形成糊狀，揉成麵團。

2. 接著用擀麵棍在鋪有烤盤紙的烤盤上擀開，形成長方形的麵皮。如有需要，可再添加麵粉。

3. 用鋒利的刀切成大條。入烤箱烤 20 分鐘。冷藏保存。

鮭魚餅

材料

熟鮭魚 100 公克
蛋 1 顆
全麥麵粉 60 公克
Maïzena® 玉米粉 30 公克
貓薄荷（或蒔蘿）
1 大匙
水 1/2 杯

1. 將烤箱預熱至 180℃。為烤盤鋪上烤盤紙。

2. 在沙拉攪拌盆中用叉子將鮭魚弄成細碎。加入蛋、麵粉、玉米粉、貓薄荷和半杯水。混合形成糊狀。揉成麵團。如有需要，可再添加麵粉。

3. 用擀麵棍將麵團擀開。用切割器裁出小小的圓形麵皮。擺在烤盤上，用手指在每片麵皮中央按壓，形成小洞。入烤箱烤 20 分鐘。接著以玻璃罐冷藏保存。

貓版香蕉餅

材料

燕麥片 20 公克
蛋 1 顆
香蕉 1/4 根
全麥麵粉 1 大匙
優格 1/2 個

1. 將烤箱預熱至 180℃。

2. 用兩倍水量淹過燕麥片，讓燕麥片稍微膨脹。

3. 在沙拉攪拌盆裡打蛋。加入燕麥片、切成小丁的香蕉、麵粉和優格。拌勻。

4. 倒入迷你模型中，入烤箱烤 20 分鐘。

食譜索引

※ 藍色標示者是給貓主子享用的食譜！

食材索引

189

給貓主子上菜！

貓咪飲食專業指南 × 獸醫營養學博士審定 × 主僕共享鮮食食譜 29 道輕鬆煮

RECETTES POUR MON CHAT...et moi!

作者	薇若妮克・雅依亞許 Véronique Aïache
	蘿拉・佐利 Laura Zuili
攝影	珊卓拉・馬渝 Sandra Mahut
譯者	林惠敏
責任編輯	黃阡卉
封面設計	三人制創工作室
內頁排版	郭家振
行銷企劃	蔡函潔

發行人	何飛鵬
事業群總經理	李淑霞
副社長	林佳育
副主編	葉承享

出版	城邦文化事業股份有限公司　麥浩斯出版
E-mail	cs@myhomelife.com.tw
地址	104 台北市中山區民生東路二段 141 號 6 樓
電話	02-2500-7578
發行	英屬蓋曼群島商家庭傳媒股份有限公司城邦分公司
地址	104 台北市中山區民生東路二段 141 號 6 樓
讀者服務專線	0800-020-299（09:30 ～ 12:00; 13:30 ～ 17:00）
讀者服務傳真	02-2517-0999
讀者服務信箱	Email: csc@cite.com.tw
劃撥帳號	1983-3516
劃撥戶名	英屬蓋曼群島商家庭傳媒股份有限公司城邦分公司

香港發行	城邦（香港）出版集團有限公司
地址	香港灣仔駱克道 193 號東超商業中心 1 樓
電話	852-2508-6231
傳真	852-2578-9337

馬新發行	城邦（馬新）出版集團 Cite（M）Sdn. Bhd.
地址	41, Jalan Radin Anum, Bandar Baru Sri Petaling, 57000 Kuala Lumpur, Malaysia.
電話	603-90578822
傳真	603-90576622

總經銷	聯合發行股份有限公司
電話	02-29178022
傳真	02-29156275

製版印刷	凱林彩印股份有限公司
定價	新台幣 399 元／港幣 133 元

2018 年 4 月初版一刷・Printed In Taiwan
ISBN　　　978-986-408-379-4

國家圖書館出版品預行編目 (CIP) 資料

給貓主子上菜！：貓咪飲食專業指南 × 獸醫營
養學博士審定 × 主僕共享鮮食食譜 29 道輕鬆
煮 / 薇若妮克. 雅依亞許 (Véronique Aïache),
蘿拉. 佐利 (Laura Zuili) 著；林惠敏譯. -- 初
版. -- 臺北市：麥浩斯出版：家庭傳媒城邦分
公司發行 , 2018.04
　面；　公分
譯自：Recettes pour mon chat, et moi!
ISBN 978-986-408-379-4(平裝)

1. 貓 2. 寵物飼養 3. 健康飲食

437.364　　　　　　　　　　　　107004305

RECETTES POUR MON CHAT ET MOI by Véronique Aïache & Laura Zuili
Copyright © Marabout (Hachette Livre), Paris, 2017
All rights reserved.
Complex Chinese edition published through The Grayhawk Agency.
This Complex Chinese edition is published in 2018 by My House Publication Inc., a division of Cité Publishing Ltd.